高等院校通识教育
新形态系列教材

人工智能基础与应用

——AIGC 实战

慕课版

干彬 周嗣轲 冉峡◎主编

李朝林 吴科旭 赵文爽◎副主编

*Artificial
Intelligence*

人民邮电出版社
北京

图书在版编目（CIP）数据

人工智能基础与应用：AIGC 实战：慕课版 / 干彬，
周嗣轲，冉峡主编. -- 北京：人民邮电出版社，2025.
（高等院校通识教育新形态系列教材）. -- ISBN 978-7
-115-66785-4

Ⅰ．TP18

中国国家版本馆 CIP 数据核字第 2025L232E8 号

内 容 提 要

　　本书深入浅出地讲解了 AI 与 AIGC 的相关知识及实际应用。全书共 9 章，包括 AI 概述、AIGC 工具概述、AIGC 文本生成与辅助写作、AIGC 图片生成与图像处理、AIGC 视频生成与优化、AIGC 音频生成与优化、AIGC 智能化办公、AIGC 辅助办公和 AIGC 应用综合案例。本书内容丰富、图文并茂、重点突出、通俗易懂，可以帮助读者迅速掌握 AIGC 工具的使用方法，提高工作效率。

　　本书可作为各类院校人工智能或 AIGC 应用通识课的教材，也可作为相关行业从业人员的参考书。

◆ 主　　编　干　彬　周嗣轲　冉　峡
　　副 主 编　李朝林　吴科旭　赵文爽
　　责任编辑　赵广宇
　　责任印制　陈　犇

◆ 人民邮电出版社出版发行　　北京市丰台区成寿寺路 11 号
　　邮编　100164　　电子邮件　315@ptpress.com.cn
　　网址　https://www.ptpress.com.cn
　　三河市祥达印刷包装有限公司印刷

◆ 开本：787×1092　1/16
　　印张：14.5　　　　　　　　　　　2025 年 4 月第 1 版
　　字数：353 千字　　　　　　　　　2025 年 7 月河北第 4 次印刷

定价：59.80 元

读者服务热线：**(010)81055256**　印装质量热线：**(010)81055316**
反盗版热线：**(010)81055315**

序 言

　　人工智能技术正在全方位地重塑人类社会的生产与生活方式。作为教育工作者，我深刻认识到，基础教育必须直面这场技术革命带来的挑战与机遇。人工智能教育的通识化不仅是信息技术发展的必然结果，更是培养适应未来社会创新型高技能人才的必然要求。

　　人工智能通识教育需要在战略方向、教学定位、教学体系、能力培养等方面做好深耕，确保人工智能通识课程既符合时代要求又具有时代特色。人工智能通识教育需要以国家战略为导向，全面贯彻党的二十大精神及党的二十届三中全会精神，强化产教融合与科教融汇；需要与专业课程的教学逻辑做针对性区分，注重强化通识课程的特色，贯彻普适性教学与共通性教学的核心理念，满足交叉学科的教学需求；需要构建全面的教学体系，注重研究领域、工具应用、场景应用、课程实践等要素的体现，形成理论学习、实践提升的教学闭环；需要基于国家高质量发展的根本要求，培养产业发展亟需的拔尖创新型人才，注重课程组织形式的创新，着手构建适合广大院校的人才培养模式。

　　为了充分落实人工智能通识课程的教学要求，干彬团队充分发挥我校基础教学的特色，整合当前热门的AIGC应用工具，打造了《人工智能基础与应用——AIGC实战（慕课版）》一书，这本书提供了非常丰富的AIGC工具以及相应的应用场景，注重实战技能的培养，图文并茂，并且提供了非常丰富的配套教学资源，可以全方位地赋能全时段的教学。

　　将人工智能作为基础教育的通识课程，是当前人工智能产业发展背景下对于高质量人才要求的重点体现，希望本书可以为广大院校的学生们带来启发与思考，对于关键的AIGC应用技能可以不断熟悉与掌握，从而为国家的人工智能产业发展贡献自己的力量！

四川传媒学院校长

左旭舟　教授

前 言

在科技日新月异的今天，AI 技术正以前所未有的速度改变着我们的生活与工作方式。其中，AIGC 作为 AI 技术的一个重要分支，以其强大的内容生成与创新能力，为各行各业的创新发展提供了重要支撑。

AIGC 能够借助先进的机器学习、深度学习等技术，自动生成文本、图像、音频、视频及多种媒体融合的内容。AIGC 的兴起，不仅推动了 AI 技术在内容创作领域的深度融入，更引发了一场内容生产方式的革命。从创作效率来看，AIGC 显著地提升了内容生产的速度，使创作者能够在更短的时间内产出更高质量的作品；从创意多样性来看，AIGC 打破了传统创作模式的限制，为内容创作提供了无限可能，满足了市场多元化、个性化的需求；从行业影响角度来看，AIGC 正逐步改变着媒体、广告、娱乐等多个行业的内容生产模式，推动了产业链的升级与重组；从社会影响层面来看，AIGC 的普及降低了内容创作的门槛，使更多人有机会参与到内容创作中，促进了文化的交流与传播，增强了社会的文化活力。

一、本书内容

本书力求通过简洁明了的语言和图文并茂的形式，让读者能够快速掌握各种 AIGC 工具的使用方法。本书的内容主要包括以下 7 个部分。

- AI 和 AIGC 工具（第 1 章与第 2 章）。该部分主要介绍 AI 与 AIGC 的相关基础知识、AIGC 的发展现状及其应用，以及常见的 AIGC 工具类型和提示词等内容。

- 文本类 AIGC 工具（第 3 章）。该部分主要介绍文心一言、讯飞星火大模型、智谱清言、通义、豆包、DeepSeek 等文本类 AIGC 工具及其使用方法，以此来帮助读者完成智能纠错、修改风格、续写文本等任务。

- 图像类 AIGC 工具（第 4 章）。该部分主要介绍文心一格、通义万相、Vega AI、无界 AI、笔墨 AI 等图像类 AIGC 工具及其使用方法，以此来帮助读者完成局部重绘、局部消除、无损放大、增强画质等任务。

- 视频类 AIGC 工具（第 5 章）。该部分主要介绍即梦 AI、剪映、360AI 视频、讯飞智作、腾讯智影等视频类 AIGC 工具及其使用方法，以此来帮助读者完成智能剪辑、智能去水印、智能抠像、视频翻译等任务。

- 音频类 AIGC 工具（第 6 章）。该部分主要介绍网易天音、腾讯 TME Studio、魔音工坊等音频类 AIGC 工具及其使用方法，以此来帮助读者完成音乐分离、AI 作词、AI 作曲等任务。

- 智能化办公工具与辅助办公工具（第7章与第8章）。该部分主要介绍各种AIGC智能化办公工具和AIGC辅助办公工具，以此来帮助读者更加高效地完成工作任务，提高工作效率。
- 综合案例（第9章）。该部分主要通过产品宣传方案的生成、智能手环概念设计、旅游推广短片设计3个综合案例来讲解运用AIGC工具的方法与技巧，以此来帮助读者深入理解AIGC工具在不同领域的强大功能与多元应用方式。

二、本书特色

本书在内容编排与教学设计上独具匠心，不仅注重知识讲解，还充分考虑读者的实际需求。本书的特色主要体现在以下几点。

（1）**深入浅出，实用性强**。本书先从AI与AIGC的基础讲起，再讲解各类AIGC工具在实际工作中的具体应用，让读者逐步构建起全面的AI与AIGC认知体系。

（2）**案例示范，生动形象**。本书在介绍AIGC工具前，通常采用与人工智能产业发展相关的案例来带动知识的讲解，从而让读者了解实际工作需求，明确学习目的，并能够将知识应用在实际操作中。

（3）**图解教学，直观易懂**。本书以文字与图片相结合的形式，生动直观地介绍了多种AIGC工具的功能及使用技巧，使读者能够快速掌握所学内容并学以致用。

（4）**提供演练，举一反三**。本书不仅在正文讲解中穿插设置"技能练习"栏目，还在除第9章外的各章末尾设置"实战演练"和"本章实训"模块，用于考查读者对章节知识的掌握程度，锻炼其实操能力。

本书由四川传媒学院的干彬、周嗣轲、冉峡担任主编，由李朝林、吴科旭、赵文爽担任副主编。此外，四川传媒学院的邱学军、庞柯、赵芬、王柯、郭蒙、李融彬、付茂莹、王毅桐、刘震洋、赵禹涵、雷鹏、陶瑶、张翊佳、宁晓军、毕然、李敬、雷茜涵、杨帅强、凌俭等人也参与了本书各章内容的编写，在此表示衷心的感谢。

由于编者水平有限，书中难免存在不足之处，敬请广大读者批评指正。

编者
2025年3月

本书使用指南

本书作为教材使用时，理论教学建议安排32学时，实训教学建议安排18学时。各章的学时分配表如表1所示，用书教师可以根据实际情况进行调整。

表1　各章的学时分配表

章序号	章名	理论教学/学时	实训教学/学时
第1章	AI概述	2	1
第2章	AIGC工具概述	4	2
第3章	AIGC文本生成与辅助写作	4	2
第4章	AIGC图片生成与图像处理	4	2
第5章	AIGC视频生成与优化	4	2
第6章	AIGC音频生成与优化	4	2
第7章	AIGC智能化办公	4	2
第8章	AIGC辅助办公	4	2
第9章	AIGC应用综合案例	2	3
学时总计		32	18

（1）教学资源

为了方便教学，编者为用书教师提供了充足的教学资源，包括PPT课件、教学大纲、电子教案、素材文件、提示词模板、实训参考，用书教师如有需要，可登录人邮教育社区（www.ryjiaoyu.com）免费下载。教学资源及数量如表2所示。

表2　教学资源及数量

编号	教学资源名称	数量
1	PPT课件	9份
2	教学大纲	1份
3	电子教案	1份
4	素材文件	9份
5	提示词模板	1份
6	实训参考	8份

（2）微课视频

编者针对书中的重难点内容录制了51个微课视频，读者扫描书中的微课二维码即可观看微课视频。微课视频名称及二维码所在页码如表3所示。

表3　微课视频名称及二维码所在页码

微课视频名称	页码
新华妙笔	177
AI学术研究助手	183
秘塔AI	186
天工AI	188
灵感岛	190
知意AI	191
长臂猿AI	192
利用讯飞公文撰写员工晋升请示	199
利用YOO简历制作个性化个人简历	200
一键生成产品宣传方案大纲	204
智能扩写产品宣传方案	205
为产品宣传方案智能配图	206
生成产品宣传方案表格与图表	207
快速排版产品宣传方案	208
了解智能手环的设计基础	209
生成智能手环概念图	211
生成产品发布会演示文稿	211
生成分镜脚本	214
生成讲解文案	215
生成动态视频	215

（3）效果展示

编者为展示书中案例的完成效果，特意制作了23个"扫码查看"二维码，读者扫描书中的"扫码查看"二维码即可查看相应案例的完成效果。效果说明及二维码所在页码如表4所示。

表4　效果说明及二维码所在页码

效果说明	页码
使用DeepSeek根据提供的提示词示例生成新闻报道的效果	48
使用智谱清言根据提供的提示词示例生成营销文案的效果	50
使用通义根据提供的提示词示例生成诗歌的效果	52
使用讯飞星火大模型根据提供的提示词示例生成工作总结会议通知的效果	54

续表

效果说明	页码
使用豆包根据提供的提示词示例生成学术研究文本的效果	55
智能纠错文本	57
智能纠错效果	57
使用即梦AI根据提供的提示词示例和设置的参数生成广告营销类视频的效果	106
使用360AI视频根据提供的提示词示例和设置的参数生成日常生活类视频的效果	108
使用即梦AI根据提供的提示词示例和设置的参数生成自然风光类视频的效果	110
使用即梦AI根据提供的提示词示例和设置的参数生成科幻想象类视频的效果	112
使用腾讯智影制作的教育培训类视频的效果	116
根据上传的产品推广计划PDF文件编写相应的备注解说	131
使用讯飞公文创作一篇项目进度报告	180
使用笔墨写作创作一篇述职报告	181
使用翰林妙笔创作一篇意见建议类公文	182
使用灵感岛创作短视频脚本	191
使用长臂猿AI创作直播带货口播文稿	193
为公司即将上市的新品——悦享按摩椅写一份产品宣传方案大纲	205
根据大纲内容扩写正文	205
搜索当前智能手环的设计资料，具体包括用户偏好、技术创新与功能特点、市场概况与趋势等。要求所收集的资料是一年以内的	210
为智能手环的设计提供创意灵感，要求明确智能手环的外形、功能等个性化元素	210
生成一个介绍丽江古城的旅游短视频分镜脚本	214

目 录

使用AIGC
工具生成的
教师节主题
海报

第1章

AI概述

随着科技的迅速发展,人工智能(Artificial Intelligence,AI)不再是一个遥不可及的概念,它逐渐融入我们的日常生活之中,特别是在办公领域,它正以一种前所未有的方式改变着我们的工作模式。人工智能生成内容(Artificial Intelligence Generated Content,AIGC)作为AI技术在内容生成领域的具体应用,为办公领域带来了革命性的变化。在智能化办公的浪潮下,AIGC正推动着办公方式朝着更高效、更智能、更个性化的方向迈进,使我们的工作更加轻松、便捷且富有创造力。

学习引导

学习目标	知识目标	素养目标
	1. 了解AI的概念，熟悉AI的发展历程、分类、核心要素及应用场景 2. 了解AIGC的概念，了解AIGC的内容创作模式与价值 3. 熟悉AIGC的产业结构和商业模式，了解AIGC在智能办公中的应用，以及AIGC智能化办公的趋势 4. 熟悉AIGC催生的新职业及从业人员的能力要求	1. 认识到AI的发展与环境、社会和人类的关系，树立可持续发展观念 2. 具备跨学科的知识背景，能够将艺术、文学、设计等领域的作品创作与AIGC工具相结合 3. 持续关注行业动态和新技术的发展，不断提升自己的知识水平和专业技能
课前讨论	1. 在你看来，AI和AIGC有什么明显的区别？你在日常生活或工作中是否接触过AI或应用过AIGC？ 2. AIGC如何改变传统的内容创作模式？你认为这种改变是积极的还是消极的，为什么？ 3. AIGC在智能办公中有哪些具体的应用场景？ 4. 为了适应AIGC的发展趋势，你认为个人需要具备哪些方面的能力和素质？	

1.1　AI点亮智能生活新图景

从智能家居系统到智能医疗诊断辅助系统，AI正一步步褪去"科幻"的标签，切实地走入我们的生活。那么，AI的本质究竟是什么？它已发展至何种程度？它对我们的生活产生了哪些影响？带着这些问题，让我们携手踏入AI的领域，一同揭开AI的神秘面纱。

1.1.1　AI的定义

AI这一概念被首次提出是在1956年美国达特茅斯学院的一次研讨会上，提出者为美国计算机科学家约翰·麦卡锡（John McCarthy）等人，他们将AI定义为"拥有模拟能够被精确描述的学习特征或智能特征的能力的机器"。这个定义将AI描述为一类具有高级模拟能力的机器，这类机器能够模拟学习特征或智能特征，且这些特征都是可以被精确描述和界定的。

该如何理解这个定义呢？我们以智能扫地机器人为例来进行说明。使用智能扫地机器人进行房间清洁时，它会对房间的布局进行扫描和记忆，会记住哪里有家具、哪里有障碍物等。经过几次清扫后，智能扫地机器人不仅能够避开这些障碍物，还能找到高效的清扫路径，这就是AI能够模拟学习特征或智能特征的典型表现。

AI领域的开创者之一，美国尼尔斯·约翰·尼尔森（Nils John Nilsson）教授认为，AI是一门关于如何表达知识、获取知识和使用知识的学科；麻省理工学院教授帕特里克·温斯顿（Patrick Winston）则认为，AI就是研究如何使计算机去做过去只有人才能做的智能工作。

综合以上内容，我们可以认为：AI是一门研究、开发用于模拟、延伸和扩展人的智能的理论、方法、技术及应用系统的新技术科学。它旨在使机器能够执行通常需要人类智慧才能完成的任务，包括学习、推理、感知、理解和创造等活动。

1.1.2 AI的发展历程

AI从诞生到现在，经历了萌芽期、探索期、成长期和爆发期。目前，AI正在快速发展，与AI相关的多个领域都展现出了蓬勃的生命力。

1. 萌芽期

1950年，英国数学家、逻辑学家和计算机科学家，有"人工智能之父"之称的艾伦·麦席森·图灵（Alan Mathison Turing）在其发表的论文《计算机器与智能》中提出了著名的"图灵测试"理论。他提出，如果一台机器能够与人类展开对话而不被辨别出其机器身份，那么这台机器就具有智能。

1956年，美国达特茅斯学院举行了一次研讨会，在这次为期两个月的研讨会上，约翰·麦卡锡、马文·明斯基（Marvin Minsky）等科学家共同探讨了如何使机器具有智能，并首次提出了"人工智能"这一概念。这次研讨会不仅标志着人工智能作为一个独立学科的诞生，也奠定了未来几十年人工智能研究的基础。

1959年，世界上第一台可编程的工业机器人诞生。这款机器人被命名为"Unimate"，意为"万能自动"，它采用模块化设计，可以根据不同的工作需求更换不同的工具。许多工厂通过Unimate实现了生产过程的自动化，提高了生产效率，降低了劳动成本，这也为后来机器人技术的发展奠定了基础，促进了整个行业的繁荣。

2. 探索期

1966年，麻省理工学院的约瑟夫·维森鲍姆（Joseph Weizenbaum）发布了世界上第一个聊天机器人ELIZA。ELIZA的智能之处在于它能与用户进行简单交谈，它的问世不仅是AI历史上的一个重要里程碑，也是计算机科学和心理学交叉领域的一个重要创新。

1966年至1972年期间，美国斯坦福国际研究所研制出了机器人Shakey。Shakey装备了电视摄像机、三角测距仪、碰撞传感器、驱动电机以及编码器，它能够接收指令，解析周围环境，做出决策并执行任务。Shakey是首台采用AI技术的移动机器人，它的问世标志着自主机器人研究的开始。

20世纪70年代初，受限于内存容量和处理速度，计算机无法有效解决复杂的AI问题。AI的研究进展缓慢。1981年，日本大力研发第五代计算机，也就是具有人工智能的计算机。随后，英国、美国也开始向AI领域投入大量资金进行探索和研发。

1984年，美国人道格拉斯·莱纳特（Douglas Lenat）带领其团队开发Cyc项目，该项目的目标是构建一个庞大的常识知识库，使AI能够使用该知识库进行逻辑推理。这不仅为AI研究提供了重要的资源，还促进了知识表示、自然语言处理和机器学习等领域的发展。

3. 成长期

1997年，IBM公司的"深蓝"计算机在一场历史性的对决中战胜了国际象棋世界冠军加里·卡斯帕罗夫（Garry Kasparov），成为首个在标准国际象棋比赛中击败国际象棋世界冠军的计算机系统。这是 AI 领域的一个重大突破，为后续在更多领域中应用 AI 技术奠定了基础。

2011 年，Watson 作为 IBM 公司开发的使用自然语言回答问题的 AI 程序，在美国著名智力问答节目《Jeopardy!》中亮相。它不仅成功打败了两位人类冠军，还赢得了 100 万美元的奖金。这标志着 AI 在理解和处理自然语言方面取得了重大突破，也展示了机器学习的巨大潜力。

2012 年，加拿大神经学家团队创造了一个具备简单认知能力、有 250 万个模拟"神经元"的虚拟大脑，命名为"Spaun"。这个虚拟大脑不仅能够模拟人类大脑的某些基本功能，还通过了最基本的智商测试。这一成就标志着 AI 和神经科学领域取得了重大突破。

2015 年，谷歌开源了利用大量数据就能训练计算机来完成任务的第二代机器学习平台 TensorFlow。同年，剑桥大学建立了人工智能研究所。这些事件不仅加速了 AI 技术的发展，也为解决现实世界中的复杂问题提供了新的可能。

2016 年，谷歌开发的计算机程序 AlphaGo 与围棋世界冠军李世石进行了一场人机大战，最终李世石与 AlphaGo 总比分定格在 1∶4，这一结果证明了 AI 在解决复杂问题上具有巨大潜力，展示了 AI 在模式识别、决策制定和问题解决方面的强大能力，同时也引发了关于 AI 伦理、影响和未来发展的广泛讨论。

4. 爆发期

2020 年，GPT-3 语言模型发布，这标志着 AI 技术在自然语言理解和生成方面取得了长足的进步。GPT-3 由 OpenAI 开发，是基于 Transformer 架构的一种自然语言处理预训练模型，它是当时最大、最先进的预训练语言模型之一。

2021 年，OpenAI 发布了 DALL·E。DALL·E 能够根据文本描述生成图像。它的推出引发了艺术领域和科技领域的广泛关注，因为它展示了 AI 在创意方面的巨大潜力。

2023 年，聊天机器人变得更加智能，其能够执行撰写文章、编写代码，甚至创作音乐等更复杂的任务。

2024 年，《人工智能法案》由欧盟制定并生效，其主要内容为：通过采取风险分级监管的方式，为 AI 系统的开发、市场投放和使用制定统一规则，明确禁止某些有害的 AI 系统，并要求高风险 AI 系统的提供者确保系统的安全性和可追溯性，旨在保护个人和社会的基本权利，并推动值得信赖的 AI 系统的普及和发展。

目前，AI 仍在飞速发展，不断刷新着人类的认知边界，并在教育、医疗、金融、创意产业等多个领域展现出巨大的应用潜力和价值。

1.1.3　AI 的分类

AI 按照智能水平、应用范围的不同，一般可以分为三个层级：弱人工智能、强人工智能和超人工智能。

1. 弱人工智能

弱人工智能（Artificial Narrow Intelligence，ANI）是指专注于执行特定任务的 AI 系统，它可以模拟人类智能的某一方面，但并不具备全面的智能能力。例如，语音识别、图像识别、自然语言处理等都属于弱人工智能的范畴。

2．强人工智能

强人工智能（Artificial General Intelligence，AGI）是指能够执行人类能执行的所有智力任务的 AI 系统，具备全面的理解和学习能力。强人工智能可以分为两类，一类是类人的人工智能，即机器的思考和推理方式就像人的思维一样；另一类是非类人的人工智能，即机器产生了和人完全不一样的知觉和意识，使用和人完全不一样的思考和推理方式。

3．超人工智能

超人工智能（Artificial Super Intelligence，ASI）是一种超越人类智能的人工智能，它可以比人类更好地执行任何任务，最早由英国哲学家尼克·博斯特罗姆（Nick Bostrom）定义为"一种几乎在每一个领域都胜过人类大脑的智慧"。

需要注意的是，现阶段所实现并且已经被广泛应用的 AI 大多属于弱人工智能。一般而言，由于弱人工智能在功能上的局限性，人们更愿意将弱人工智能看作工具，而不会视其为威胁。

1.1.4 AI的核心要素

AI 的核心要素主要包括算法、数据和算力，这三者共同推动着 AI 不断发展和进步。

1．算法

算法是 AI 系统的"大脑"，它决定 AI 系统如何进行学习、推理和决策。算法的选择和设计直接影响 AI 系统的性能和效率。随着技术的不断发展，新的算法不断被提出，以应对更复杂的问题。

AI 中常见的算法如下。

● **机器学习算法**。机器学习算法是 AI 中十分常用的算法，它使 AI 系统能够通过数据进行学习和优化。

● **深度学习算法**。深度学习算法是机器学习的一个分支，它利用人工神经网络模拟人脑神经元之间的连接和信号传递。深度学习算法在处理大规模数据和执行复杂任务上表现出色，如图像识别、语音识别、自然语言处理等。

● **强化学习算法**。强化学习算法是通过观察环境和采取行动来学习最优策略的算法。它可以与环境进行交互，基于环境状态采取一定的行动，根据行动的结果获得奖励或惩罚，从而学习如何做出最佳决策。

2．数据

数据是 AI 系统的"燃料"，缺乏高质量且大规模的数据支撑，AI 系统便无法高效地学习与训练。在 AI 领域，数据不仅是算法训练与优化的基础，更能帮助 AI 系统识别潜在模式，建立事物间的联系，并做出精确预测。数据的形式多种多样，包括结构化数据（如数据库表格）和非结构化数据（如文本、图像、音频）。数据的质量与多样性直接影响着模型（模型是通过算法和数据训练得到的一种系统）的预测准确性及其在不同场景的适应能力。

数据的价值主要体现在以下 3 个方面。

● **训练模型**。数据的质量与多样性对提升模型的性能至关重要。高质量、多样化的数据能够帮

5

助 AI 系统深入挖掘数据中的模式与规律，从而更有效地执行预测、分类等任务。

● **支持决策**。数据是帮助用户做出明智决策的重要依据。通过细致的数据分析与挖掘，用户可以发现数据的潜在模式，为企业和组织提供科学、可靠的决策依据。

● **创新和发现**。通过深入分析与挖掘数据，人们能够不断发现新见解、新关系，并从中汲取灵感，推动创新成果的形成。

3. 算力

算力是 AI 系统的"动力"，它赋予了 AI 系统处理海量数据及执行繁复算法的能力。AI 算法的参数量往往十分庞大，这些参数需要在训练过程中进行精细调整，计算量往往极为庞大。正因如此，高性能的算力资源成为参数调整过程中不可或缺的要素。

作为算力的重要构成要素，处理器的分类如下。

● **中央处理器（Central Processing Unit，CPU）**。CPU 负责解释指令的功能，控制各类指令的执行过程，完成各种算术和逻辑运算。在 AI 中，CPU 常用于处理一般的计算任务和控制计算机系统的运行。

● **图形处理器（Graphics Processing Unit，GPU）**。GPU 是专门用于图形处理的处理器，可以进行并行计算。在 AI 中，GPU 被广泛应用于深度学习任务的执行。

● **张量处理器（Tensor Processing Unit，TPU）**。TPU 是由谷歌开发的专门用于加速机器学习任务的芯片。

● **现场可编程门阵列（Field-Programmable Gate Array，FPGA）**。FPGA 是一种超大规模可编程逻辑器件，具备高度的灵活性和可编程性，由可编程逻辑资源、可编程互连资源和可编程输入输出资源组成，允许用户在硬件层面上编程和配置其功能，以适应不同的用途。FPGA 广泛应用于通信、计算、图像处理、信号处理等多个领域。

1.1.5　AI的应用场景

目前，AI 已经被广泛应用于教育、医疗、交通、制造、购物等多个领域，对人类社会的生产和生活产生了深远的影响。

1. 智能教育

智能教育依托 AI 技术重塑教育生态。一方面，智能教学辅助系统能根据学生的学习进度、知识掌握程度自动生成个性化学习计划。例如，针对数学基础薄弱的学生，智能教学辅助系统精准推送有针对性的知识点讲解视频、练习题，并在学生完成练习后迅速分析错题原因，给出详细的解题思路和强化学习建议。另一方面，智能评测工具代替教师进行作业批改和试卷评阅，不仅可以提高效率，还能通过数据分析挖掘学生在知识掌握上的共性问题和个体差异，为教师调整教学策略提供数据支撑。同时，智能教育还打破了时空限制，在线课程平台让学生无论身处何地，都能与全球顶尖教师和学生交流互动，获取优质教育资源，拓宽学习视野。

2. 智能医疗

智能医疗借助物联网、大数据、人工智能等技术改善医疗服务质量。在诊断环节，智能影像诊断系统能够快速分析医学影像，帮助医生更精准地发现病变。例如，在早期肺癌筛查中，智能影像诊断系统可以在短时间内对大量影像进行筛选，标记出疑似病变区域，大大提高诊断效率和准确性。远程医疗技术让患者无需长途奔波，就能与顶级专家进行"面对面"会诊，偏远地区的患者通过远程医疗设备上传自己的症状、病历和检查数据，专家据此做出诊断并给出治疗方案。智能可穿戴设备可帮助用户进行日常健康管理，实时监测用户的心率、血压等生理指标，一旦数据异常，立即发出预警，实现疾病的早发现、早干预。

3. 智能交通

智能交通是指运用 AI 技术、通信技术、控制技术等对传统交通运输系统进行改造，实现交通管理、交通服务。例如，在早高峰时段，当某个路口车流量过大时，信号灯系统自动延长该路口的绿灯时间，减少车辆等待时间。智能导航系统结合实时交通数据，为驾驶员规划最优路线，帮助驾驶员避开拥堵路段，节省出行时间。此外，车联网技术可以让车辆与车辆、车辆与基础设施之间实现信息交互，提高行车安全性和通行效率，为未来自动驾驶的普及奠定了基础。

4. 智能制造

智能制造使制造业生产模式发生了巨大的改变。工业机器人在生产线上承担重复性、高强度的工作，如汽车制造中的焊接、喷漆等工序。这不仅提高了生产效率和产品质量，还能降低人力成本。智能工厂通过传感器、物联网技术实现设备的互联互通和生产过程的实时监控，管理者可以远程掌握生产进度、设备运行状态等信息，一旦设备出现故障或异常，系统会自动报警并进行故障诊断、提供解决方案，保障生产的连续性。同时，借助大数据分析，企业能够根据市场需求和消费者反馈，优化产品设计和生产计划，实现定制化生产。

5. 智能购物

在电商平台，智能推荐系统可以根据用户的浏览历史、购买记录、收藏商品等数据精准推送符合用户兴趣和需求的商品，如果用户经常购买运动装备，平台就会推荐新款运动鞋、运动服装等。线下智能零售商店运用人脸识别、物联网等技术实现无人值守购物，顾客进店挑选商品后无需排队结账，系统会自动识别顾客身份和商品信息，自动完成扣款，使购物变得更加便捷高效。

1.2　AIGC开启智能新时代

AI 作为模拟人类智能的技术，已成为推动各行各业发展的重要力量，无论是在医疗健康、金融服务还是教育培训等领域，都展现出了其卓越的潜力。在此基础上，AIGC 作为 AI 技术的进一步延伸和创新，不仅让机器拥有了生成新内容的能力，更引领了一场内容生成领域的变革，将 AI 的应用推向了一个更为宽广和深远的新阶段。

1.2.1　AIGC概述

AIGC 是指利用 AI 技术自动生成文本、图像、视频、音频等多种形式的内容的技术。目前，AIGC 已广泛应用于广告营销、电子商务、教育培训、娱乐、艺术等领域，并成为推动各行业数字化转型与创新发展的重要力量。

图 1-1 所示为民国才女陆小曼未尽稿《夏日山居图》以及分别由著名海派画家乐震文、AIGC 工具续画的完成稿的对比图。通过深度学习陆小曼作品的山水画元素，AIGC 成功完成了续画、上色、诗词创作等环节，展现了 AIGC 在艺术创作领域的卓越能力。

陆小曼未尽稿　　　　　　乐震文完成稿　　　　　　AIGC完成稿

图 1-1

AIGC 具有多种特性，这些特性使其在内容创作领域展现出了独特的优势和潜力。

● **高效性**。AIGC 可以在短时间内生成大量文本、图像、音频或视频等多种形式的内容，极大地缩短了内容生产的周期。这种高效率的生成不仅满足了信息时代用户对即时信息的需求，也降低了内容创作的成本和门槛。

● **多样性**。AIGC 可以生成各种风格、主题和形式的内容，包括韵律优美的诗词、充满奇思妙想的科幻故事，或是绚丽多彩的艺术画作，可满足不同应用场景的内容生成需求。

● **持续性**。AIGC 不受时间和空间的限制，可以 24 小时持续运行，随时生成内容。这种不间断的供应能力确保了内容可以及时更新和供应，这对于需要快速响应市场变化的企业和机构尤为重要。

● **进化性**。随着接触的数据和用户反馈变多，AIGC 能够不断调整和优化自己的生成模型，提高生成内容的质量和准确性。创作者也可以从 AIGC 的不断进化中了解不同类型内容的受欢迎程度和发展趋势。

● **创新性**。AIGC 能够突破人类思维的局限，创造出新颖独特的内容。创作者可以使用 AIGC 工具，探索新的创意领域，为受众带来前所未有的视觉、听觉体验。

● **可定制性**。创作者可以根据自己的创作风格、目标受众和特定要求，对 AIGC 进行设置，生成符合自己需求的内容。

1.2.2　AIGC与内容创作新模式

传统的内容创作通常依赖于创作者的灵感、经验和技能，从构思、策划到撰写、编辑等过程都要耗费大量的时间和精力，而 AIGC 的出现则改变了这一传统模式，使得内容创作变得更加高效、便捷。

1. 内容创作的传统模式与局限

传统的内容创作模式一般是线性的，创作者一般是按照从构思到策划，再到创作的流程来创作内容的。这种内容创作模式有利于创作者在创作过程中不断改进和优化作品。然而，这种线性的创作流程同时也会受到创意构思的主观性、资料收集的效率问题、创作速度与成本的矛盾等因素的影响。

（1）创意构思的主观性

创意构思往往基于创作者的经历、知识体系和思维方式，这使得创意具有很强的主观性，且容易受到创作者思维定式的限制。例如，一位长期从事现实主义文学创作的作家，因为思维习惯和知识储备的局限性，在科幻或奇幻题材的创意构思上可能会存在困难。同时，人类的创意构思受情绪、环境、文化背景及个人经历等因素的影响较大，当创作者处于灵感枯竭或压力较大的状态时，可能难以产出高质量的创意。

（2）资料收集的效率问题

传统的资料收集主要通过人工查阅书籍、文献、网络资源等方式进行，这个过程耗时费力，且可能存在信息不全面或不准确的问题。例如，在撰写一篇关于古代历史文化的文章时，创作者可能需要在图书馆翻阅大量古籍，在互联网上搜索众多学术网站，但即便如此，也可能会遗漏一些重要的资料。对于跨领域的内容创作而言，资料收集的难度会进一步增加，创作者需要对该领域的资源和资料收集方法有深入了解，这对于创作者的综合素养有较高的要求。

（3）创作速度与成本的矛盾

无论是文本、图像还是视频创作，创作者的创作速度都相对有限。以影视剧本创作为例，一位编剧可能需要数月甚至数年才能完成一部高质量的剧本，而且受各方面（如市场偏好、投资成本）因素的影响，编剧还需要投入大量时间在内容的修改和润色上，这进一步降低了创作效率，导致内容产出速度难以满足快速变化的市场需求。

2. AIGC驱动下的内容创作新模式

AIGC 的崛起为内容创作带来了前所未有的变革。从创意激发的多元化到资料收集与整合的自动化，再到快速生成与优化内容，以及协同创作的新趋势，AIGC 正以其独特的优势重塑着内容创作模式。

（1）创意激发的多元化

在 AIGC 的影响下，内容创作领域的创意激发日益多元化。这一变革首先体现在突破思维局限上，AIGC 能够通过分析大量数据和跨领域知识，为创作者提供创新性的思路，帮助他们跳出传统框架，探索更多可能性。同时，实时创意更新也成为可能，AIGC 能够根据市场动态和用户反馈即时调整创作方向，确保内容的时效性和吸引力。这种多元化的创意激发方式不仅丰富了内容创作的手段，也为创作者带来了更多的机遇。

（2）资料收集与整合的自动化

在 AIGC 的助力下，资料收集与整合实现了自动化。利用自然语言处理、机器学习等技术，AIGC 能够快速收集到与主题相关的各类信息，包括文本、图片、视频等。同时，AIGC 还能对收集到的资料进行智能分类、筛选和整合，为创作者提供一个结构清晰、内容丰富的资料库。这不仅提高了资料收集和整合的效率，还提高了资料的质量和准确性。

（3）快速生成与优化内容

借助先进的算法和大量数据，AIGC 能够在短时间内生成大量高质量的内容，极大地提升创作的效率。同时，这些内容还能在生成后根据创作者的反馈进行优化，确保其更加贴合创作者的需求。这种快速生成与优化内容的方式不仅为创作者节省了宝贵的时间和精力，也使得内容创作变得更加智能化和个性化。

（4）协同创作的新趋势

随着 AIGC 的不断发展，协同创作已经成为内容创作领域的一个新趋势。AIGC 不仅支持多个创作者在同一平台上实时协同创作，还能通过智能分析帮助创作者发现彼此之间的创作差异和潜在冲突，推动团队内部的沟通和协调。这种协同创作模式不仅可以提高创作的效率和质量，还能促进团队成员之间的知识共享和创意碰撞。

学思启示　　尽管 AIGC 能够生成高质量的内容，但在实际应用中，有时 AIGC 生成的内容也会出现逻辑错误、事实偏差或风格不统一等问题，这些问题不仅会影响内容的质量和可信度，还可能给创作者和读者带来困扰。因此，在使用 AIGC 时，创作者需要时刻保持警惕，并采取相应的措施来应对这些问题。创作者可以对 AIGC 生成的内容进行细致的审核，包括逻辑连贯性检查、事实准确性验证以及风格一致性评估，从而确保内容的准确性与可靠性。

1.2.3　AIGC带来的价值

作为一种创新的技术，AIGC 所带来的价值广泛且深远。AIGC 凭借其强大的内容生成能力，以及智能化的处理与分析能力，在提高工作效率，创新生产和运营模式，丰富数字娱乐内容，以及推动社会进步等方面发挥着重要作用。

1. 提高工作效率

AIGC 具有自动化处理重复性任务和提供智能建议等功能，可以显著提高工作效率。一方面，AIGC 可以快速生成大量高质量的内容，如在新闻领域，AIGC 能够根据具体事件在短时间内撰写出对应的新闻稿件，提高新闻生产的速度；在设计领域，AIGC 能根据描述迅速生成图像或视频初稿，节省大量构思和创作的时间。另一方面，AIGC 还能为创作者提供丰富的创意灵感，突破人类思维的局限，无论是在文学创作中给出新颖的故事架构，还是在广告营销中生成独特的广告创意方案，都有助于创作者拓展思路，避免陷入创作瓶颈，从而高效地完成工作任务。

图 1-2 所示为使用 AIGC 工具生成的教师节主题海报，创作者只需输入主题和所需内容，便可生成相应的内容。

图1-2

2．创新生产和运营模式

作为一种新兴技术，AIGC 正在逐渐改变传统的生产和运营模式，并推动着各行各业持续创新。下面是一些 AIGC 创新生产和运营模式的具体运用。

● **提供定制化服务**。AIGC 可以根据用户的需求和偏好生成个性化的内容和提供个性化的服务。例如，在商业领域，AIGC 可以分析用户的购买历史、浏览行为等数据，为用户推荐符合其兴趣的产品或服务。

● **优化决策制定**。AIGC 能够分析大量数据并提供分析结果，帮助企业做出更好的决策。例如，在金融领域，AIGC 可以帮助银行识别欺诈交易、预测市场趋势等。

● **提高生产效率**。AIGC 可以自动执行各种任务，如数据输入、客户服务和供应链管理等，从而提高生产效率。

● **创造新的运营模式**。AIGC 可以实现以前难以实现的运营模式，如聊天机器人可以与用户进行流畅的对话，理解用户的意图和需求，并提供相应的回答和建议。

● **降低运营成本**。通过自动化和优化流程，AIGC 可以帮助企业降低运营成本。例如，在制造业中，AIGC 可以分析设备运行数据和故障历史，以实现故障诊断和预测的智能化，从而及时修复故障。

● **增强用户体验**。AIGC 可以为用户提供更加丰富的互动体验。例如，在游戏行业，AIGC 可以生成逼真的角色和场景模型，提高游戏的沉浸感。

3. 丰富数字娱乐内容

AIGC 通过智能化的创作手段为数字娱乐产业带来了全新的活力。一方面，AIGC 可以高效生成大量的内容，包括游戏中的角色、场景、剧情，动画的画面，音乐的旋律、歌词等，不仅为创作者提供了广阔的创作空间，也让用户享受到更多元化的娱乐体验。另一方面，AIGC 能够根据用户的偏好和行为数据进行个性化的内容创作和推荐，使每一位用户都能获得符合自己兴趣的独特内容，从而增强用户的参与感和沉浸感。

图 1-3 所示为 AI 动画电影《愚公移山》的先导宣传片海报，这部电影利用 AIGC 实现了从剧本到最终画面的全流程自动化生成。AIGC 不仅提高了电影的生产效率，还创造了独特的艺术风格和视觉效果，为受众带来了全新的观影体验。

图1-3

4. 推动社会进步

目前，AIGC 的应用已经普及到社会生活的方方面面，并持续推动社会进步。例如，在教育领域，AIGC 能够生成个性化的学习资源，提供教学辅助工具，如自动出题系统、智能辅导平台及虚拟教师等，从而帮助学生更好地理解和掌握知识；在商业与服务业领域，AIGC 能够生成个性化的营销内容，以提升服务效率和客户满意度；在交通领域，AIGC 能够根据城市的地理布局、人口密度及交通流量历史数据等，为城市规划者生成交通流量预测模型，从而有效缓解交通拥堵问题；在医疗领域，AIGC 能够对诊断结果进行概率评估，为医生提供不同可能性的概率分析，帮助医生做出更科学、更准确的诊断决策，从而为患者提供更精准的治疗方案，提高患者的治愈率和康复质量。

图 1-4 所示为深圳市大数据研究院和香港中文大学（深圳）联合研发的开源中文医疗大模型"华佗 GPT II"，该模型可以充当智能医疗助手，为患者提供诸如医学咨询、病症初步诊断、健康建议等在内的多项医疗服务，为公众健康提供更加便捷和高效的解决方案。

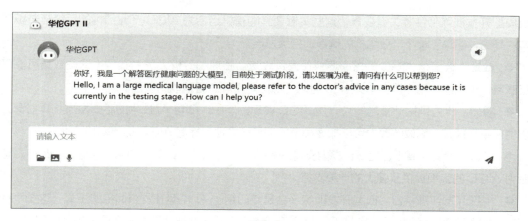

图1-4

1.3 AIGC引领智能化办公新趋势

随着 AIGC 应用的不断推广，其在办公场景中的应用日益深化。在市场部门，AIGC 能助力策划人员迅速生成别出心裁的营销方案；在研发部门，AIGC 能帮助工程师更快地突破技术瓶颈，研发出更具竞争力的产品；在管理部门，AIGC 能为决策者提供全面而深入的数据洞察，引导企业朝着更有利的方向发展。AIGC 在各种办公场景的深度应用，已成为企业发展的重要推动力，促使企业朝着更具活力、更具竞争力的方向蓬勃发展，其价值和影响力将随着技术的发展进一步凸显。因此，企业应积极拥抱 AIGC，以赢得持续发展的先机。

1.3.1 AIGC的产业结构

AIGC 的产业结构主要包括上游"基础层"、中游"算法和模型层"、下游"应用层"3 个部分，如图 1-5 所示。这 3 个部分相互依存、相互促进，形成了一个紧密相连的产业生态圈。这种协同效应共同推动了 AIGC 产业的快速发展，使得 AIGC 在内容创作、智能服务等方面展现出巨大的潜力和价值。

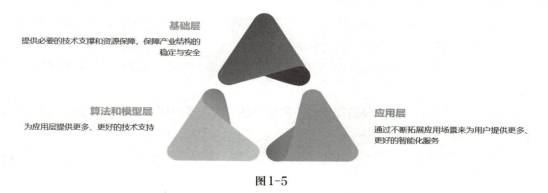

图1-5

1. 基础层

基础层是 AIGC 产业结构的起点，也是整个产业发展的根基所在，涵盖了数据、算力、计算平台及模型开发训练平台等关键要素。这些关键要素的有机组合为 AIGC 产业结构的后续环节奠定了坚实的基础，保障了整个产业结构的健康、持续发展。

- **数据**。数据是 AIGC 的核心原料。通过收集、整理和分析大量的数据（这些数据可能来自于互联网、传感器、用户等多个渠道），可以训练出更精准、更智能的模型。
- **算力**。算力是指计算的能力，是 AIGC 实现的基础。随着 AI 技术的不断发展，其对算力的需求也在不断提升。高效的算力可以加速模型的训练和推理，提高 AIGC 的效率和准确性。
- **计算平台**。计算平台是提供算力支持的基础设施，包括云计算、边缘计算等多种形态，这些平台为 AIGC 的实现提供了强大的计算支持。
- **模型开发训练平台**。模型开发训练平台是专门用于 AI 模型开发和训练的工具，这些平台提供了丰富的算法库、模型库和训练工具，使得开发者可以更加便捷地开发出高质量的 AI 模型。

2. 算法和模型层

算法和模型层是 AIGC 产业结构的核心部分，主要涉及机器学习、计算机视觉、自然语言处理、优化算法等多个方面。

- **机器学习**。机器学习是 AI 技术的基础，它使用数据来训练模型，使模型能够自主完成某项任务。在 AIGC 中，机器学习被广泛应用于模型训练和推理。
- **计算机视觉**。计算机视觉是 AI 技术的一个重要分支，它能够使计算机理解和处理图像与视频信息。在 AIGC 中，计算机视觉被用于生成图像、视频等视觉内容。
- **自然语言处理**。自然语言处理是 AI 技术的另一个重要分支，它能够使计算机理解和处理人类语言，实现人与计算机的有效沟通。
- **优化算法**。优化算法用于提高 AI 模型的性能和准确性。在 AIGC 中，优化算法被广泛应用于模型的训练、推理和调优过程中。

3. 应用层

应用层是 AIGC 产业结构的终端部分，可以生成多种形态的内容，包括文本、图片、音频、视频等。

- **AIGC+ 传媒**。可以生成高质量的新闻、文章、评论等文本内容，以及图像、视频等视觉内容，为传媒行业提供丰富的素材和创意。
- **AIGC+ 电商**。可以生成商品描述、广告文案等文本内容，以及商品图片、视频等视觉内容，以优化消费者的体验，提升销售转化率。
- **AIGC+ 影视**。可以生成剧本、特效等影视制作所需的内容，为影视行业提供创新的制作手段。
- **AIGC+ 娱乐**。可以生成游戏剧情、角色对话、音乐等内容，为娱乐行业提供新的创作方式。
- **AIGC+ 教育**。可以生成教学材料等教育内容，为教育行业提供实用性的学习资源和支持。
- **AIGC+ 金融**。可以生成金融分析报告、投资策略建议、风险管理模型等内容，为金融行业提供个性化的决策支持和专业服务。

1.3.2　AIGC的商业模式

AIGC 的商业模式是指企业或组织在利用 AIGC 创造价值和获取收益时，所采用的各种方式和策略，涵盖了从内容创作、分发到最终盈利的各个环节。一般来讲，AIGC 的商业模式主要包括以下几个方面。

- **模型即服务（Model as a Service，MaaS）模式**。这是一种基于模型的调用量进行收费的模式。就像提供云计算服务一样，AIGC 服务提供商将训练好的人工智能模型部署在云端，用户可以通过应用程序编程接口（Application Programming Interface，API）等方式调用这些模型来生成内容，并根据数据请求量和实际结算量来付费。例如，文心一言对外提供 API 服务，许多企业和开发者使用其 API 来开发自己的应用程序，如智能客服、文本自动生成工具等，并按照使用量向文心一言支付费用。

- **按产出内容量付费模式**。这种模式适用于应用层变现。用户根据 AIGC 平台生成的内容数量、质量、属性来等支付费用。其中，内容属性如版权授予的方式（支持短期使用权、长期使用权、排他性使用权和所有权等多种模式）、是否支持商业用途（个人用途、企业使用、品牌使用等）、内容的透明图层复杂度和分辨率等会影响收费标准。例如，用户在使用 AIGC 图像生成平台生成图片时，如果需要生成更高分辨率、更多细节或具有特定形象授权的图片，就需要支付相应的费用。

- **订阅付费模式**。用户需定期支付一定的费用，以获取 AIGC 平台的持续使用权限，这种模式类似于常见的软件订阅服务，如视频会员、音乐会员等。例如，美图秀秀推出的美图设计室服务按月度、季度或年度收费，每个订阅周期都有一定的费用，用户需要按时支付以保持订阅状态并继续使用其功能。同时，美图设计室也会根据用户的订阅情况提供相应级别的客户服务和技术支持，以确保用户在使用过程中能够及时得到帮助和解答。

- **模型定制开发收费模式**。这是一种传统的项目开发模式。客户根据自己的特定需求委托 AIGC 服务提供商开发特定的 AIGC 模型或应用程序，并支付相应的开发费用。这种模式通常适用于对 AIGC 有特殊要求、需要定制化解决方案的企业。例如，一些大型企业在进行数字化转型时，可能需要定制开发适合自己业务场景的 AIGC 模型，如用于智能客服的对话模型、用于风险预测的数据分析模型等，此时企业就会与 AIGC 服务提供商合作并支付模型定制开发的费用。

- **广告/流量模式**。AIGC 平台通过提供免费的服务吸引大量用户，然后依靠用户的点击和使用产生的流量来获取广告收入。这种模式的关键在于拥有足够多的用户和流量，以便吸引广告商投放广告。例如，用户在使用一些免费的 AIGC 平台生成内容时，会看到相关的广告展示，此时平台就会根据广告的展示次数、点击次数等向广告商收取费用。

- **智能服务模式**。将 AIGC 与其他智能服务相结合，并提供综合的解决方案。例如，一些金融科技公司会利用 AIGC 分析大量的金融数据，然后再为用户提供风险评估报告和个性化的投资建议，同时收取相应的服务费用。

1.3.3　AIGC在智能办公中的应用

无论是在文化创意产业中激发灵感，还是在教育领域助力学习，AIGC 都展现出了其强大的潜力和价值。而在办公领域，从文档的智能化处理到会议的高效管理，从数据分析与可视化的深度助力到项目管理的创新驱动，再到创意设计以及智能客服领域的卓越表现，都有着 AIGC 的身影，如图 1-6 所示。

图 1-6

上述应用仅仅是 AIGC 在智能办公领域应用的一小部分。实际上，随着技术的不断进步和创新思维的不断激发，AIGC 的应用范围将会更加广阔。创作者可以充分发挥自己的创造力和想象力，探索 AIGC 更多可能的应用方向，推动智能办公的发展与革新。

1.3.4 AIGC智能化办公的趋势

了解 AIGC 在办公场景中的诸多应用后，不难发现，这些应用并不孤立存在，而是相互交织、互为支撑，共同构建了一个高效、智能且充满创新活力的办公场景。这不仅体现了技术融合与创新的强大力量，也预示着未来办公模式的深度变革，即办公将不再局限于单一的模式，而是向着更加全面、深入和个性化的方向发展。综合来说，AIGC 在智能化办公领域的趋势主要表现为以下几个方面。

● **智能化应用爆发式增长**。随着 AIGC 的不断成熟，智能化应用在办公领域中将呈现出爆发式增长的趋势。在钉钉联合国际咨询机构互联网数据中心（Internet Data Center，IDC）发布的《2024 AIGC 应用层十大趋势白皮书》中曾提出，未来全球将涌现出超过 5 亿个新应用，这相当于过去 40 年间出现的应用数总和，这些新应用将极大地丰富办公场景，提升办公效率，使办公过程变得更加智能化、自动化。

● **大模型从通用到专用**。企业对于大模型的需求不仅仅是一般性的智能交互与信息处理，而是需要使其成为特定领域的"最强大脑"。专属大模型将加速企业数据价值的释放，提高数据和知识的利用率，使决策更加高效和精准。未来，更多企业会将 AIGC 的应用建立在私有、专属模型的基础上，以满足特定业务场景的需求。

● **多模态交互提升用户体验**。多模态大模型是当前 AIGC 训练和开发的重要方向，其目的是提升智能化应用中的信息丰富度和全面性。在办公场景中，多模态交互将为用户带来更加舒适且快捷的工作体验。例如，通过语音识别、面部识别、手势识别等多种交互方式，用户可以更加便捷地操作办公设备、完成工作任务。

● **超级入口重塑应用形态**。在未来，基于自然语言的极简交互将替代一部分传统的图形界面交互，"No App"理念将重塑应用形态，应用功能将被碎片化地融入超级应用中，使用户不用再安装大量的独立应用才能使用相应功能，用户只需通过简单的对话就能直接调取和使用各种工具。这种应用形态将使得办公过程变得更加流畅、便捷，从而提高用户的办公效率。

● **AI 与业务深度融合**。未来，AI 与业务的融合将达到前所未有的程度，并以"无感智能"的形态成为企业运营必不可少的组成部分。仅在办公领域，AIGC 就能支持员工快速完成重复性和时间密集型的任务，赋能业务流程持续迭代优化，释放核心生产力。

● **应用从云原生走向 AI 原生**。随着大模型和 AIGC 的发展，应用正在从"+AI"（即在现有应用中添加 AI 功能）向"AI+"（即 AI 成为应用构建的核心驱动力）的方向转变。在办公领域，AI 应用也将推动企业形成更加智能的新型基础设施。未来，所有的应用都将以 AI 能力为核心驱动力，由 AI 定义场景将成为一种办公新范式。这种转变将使得办公应用更加智能化、自适应化，从而满足企业不断变化的业务需求。

● **AIGC 普惠化**。未来，更多的中小企业和普通民众将能够受益于 AIGC。在办公领域，AIGC 将降低个体创作者和开发者的商业化门槛，使得更多的人能够参与到 AI 时代的变革中来。

1.4　AIGC时代数字化人才的培养

在 AIGC 时代，人工智能与大数据的深度融合为各行各业带来了前所未有的变革，并深刻地改变着我们的生产、生活方式。在这样的大背景下，数字化人才的培养已成为一项至关重要的战略任务。这不仅关乎企业能否在激烈的市场竞争中脱颖而出，更是决定国家能否在全球数字化进程中保持领先地位的关键因素。因此，教育界实现从传统教育模式到面向未来的数字化技能培养模式的转型，成为连接当下与未来、确保社会持续进步与创新的关键桥梁。

1.4.1　AIGC催生的新职业

AIGC 作为一种新兴技术，不仅极大地丰富了内容创作的形式和手段，提高了创作效率与质量，也催生出了一系列的新职业。这些职业不仅体现了技术的进步，也为就业市场带来了新的机遇。

● **提示词工程师**。该职业旨在通过高效地构建自然语言处理系统所需的提示语，帮助用户更好地使用人工智能产品，以生成更高质量的内容。该职业需要深入理解人工智能模型的工作原理，能够根据不同的应用场景和用户需求准确地设计和优化提示词，以引导人工智能模型生成符合预期的输出。

● **人工智能训练师**。该职业使用智能训练软件在人工智能产品使用过程中进行数据库管理、算法参数设置、人机交互设计、性能测试跟踪及其他辅助作业。

● **AIGC 应用师**。该职业将 AI 技术与应用紧密结合，深入理解自然语言处理、图像处理、视频生成等核心技术，并将其融入实际的项目和产品中。同时该职业还需要设计高质量的提示词，以通过精准的语言引导人工智能模型产生高质量的输出。

● **AIGC 设计师**。该职业借助 AIGC 进行设计工作，包括平面设计、UI 设计、产品设计等。与传统设计师相比，AIGC 设计师需要具备更强的技术理解能力和创新思维，能够将人工智能生成的设计元素与自己的设计理念相结合，创造出独特的设计作品。

● **AIGC 产品经理**。该职业负责 AIGC 产品的规划、设计等工作，以确保产品能够满足用户的需求。

● **AIGC 内容审核员**。该职业依据相关的法律法规和行业标准，对 AIGC 生成的文本、图像、音频、视频等内容进行审核，检查是否存在错误信息、侵权行为、不良内容等问题，并及时反馈审核结果。

● **AI 话术设计师**。该职业针对话术设计过程，不断收集问题并进行总结，提出对设计、制作等各方面的可建设性建议与需求，从而推进 AI 训练效率与质量的不断提升。

学思启示　AIGC 催生的新职业不仅数量众多，而且各具特色，涵盖了从技术研发到应用推广、从数据分析到内容审核等多个领域。这些新职业的出现不仅为职场人士提供了更多的就业机会，同时也要求他们不断学习，以适应新的技术和新的环境。另外，随着技术的进步和社会需求的变化，未来还将有更多由 AIGC 催生的新职业涌现。

1.4.2　AIGC从业人员的能力要求

AIGC 作为人工智能与内容创作深度融合的技术，不仅要求从业人员具备扎实的理论基础和技术实力，还需要具备跨领域的整合思维、敏锐的洞察力及持续的创新精神。图 1-7 所示为 AIGC 从业人员的能力要求，这些能力不仅是他们个人职业发展的基石，更是推动 AIGC 不断发展的重要驱动力。

图1-7

实战演练

任务　探索AIGC的发展历程与存在的问题

如今，AIGC在推动内容创作和催生新职业方面展现出巨大潜力，但其发展历程并非一帆风顺。从早期简单的文本生成到如今多形态内容的生成，AIGC经历了多次迭代与升级。然而，在这一过程中也出现了诸多问题，如数据隐私保护、算法偏见与歧视、版权归属与侵权等。这些问题不仅影响了AIGC的广泛应用，也对其未来发展提出了严峻挑战。面对这一情况，我们可以深入探讨AIGC的发展历程与存在的问题，以期更好地理解这项技术，并为其未来发展贡献自己的力量。

1.　需求分析

小夏是一名对前沿科技充满热情的年轻研究者，目前就职于一家专注于人工智能技术研发的企业。在多年的学习与工作中，小夏对人工智能如何改变内容创作模式产生了浓厚的兴趣。小夏注意到，随着技术的不断成熟，AIGC不仅提高了内容生产的效率，还催生出了一系列新的商业模式和就业机会。然而，与此同时，AIGC也带来了一系列复杂的问题。为了更深入地理解AIGC的发展现状和未来趋势，并寻求解决当前存在问题的方法，小夏决定开展一项系统性的研究，旨在梳理AIGC的发展历程，分析其在技术、经济、社会和文化层面产生的影响，并探讨解决现有问题的方法。

2.　思路设计

梳理AIGC的发展历程与分析AIGC存在的问题时，可以按照以下思路进行设计。

● **选择浏览器**。选择一款常用且稳定的浏览器，如百度、360浏览器等，确保浏览器具有良好的兼容性和性能，以便后续能顺畅地浏览相关网页资料。

● **确定信息来源**。从学术数据库、相关网站、专业媒体及社交媒体等多方渠道，广泛收集关于AIGC发展历程与存在问题的相关资料。

● **梳理发展历程**。将收集到的资料按照时间顺序进行整理，构建AIGC的发展历程时间线，清晰展示从早期探索到当前状态的发展历程。

● **分析存在的问题**。选取具有代表性的案例进行深入分析，探讨问题的产生原因、具体表现形式和可能带来的影响。

● **整理资料**。对收集到的所有资料进行严格筛选，去除重复、过时或不相关的信息，确保资料的准确性和时效性，然后将其有序整合到Word文档中。

整理后的文档参考效果如图1-8所示。

3.　操作实现

梳理AIGC的发展历程与分析AIGC存在的问题的具体操作如下。

（1）打开浏览器，通过搜索关键词"AIGC的发展历程与存在的问题"获取相关的信息。

（2）访问中国知网、万方数据知识服务平台等知名学术网站，通过搜索"AIGC""人工智能生成内容""Artificial Intelligence Generated Content"等关键词获取高质量的学术论文。

（3）浏览OpenAI、Google、Microsoft、字节跳动等在AIGC研发前沿的科技企业官方网站和技术博客，关注他们发布的技术报告、开源代码说明及公司研究人员的博客文章等。

（4）查看各国政府科技部门发布的人工智能发展战略、政策文件，以及国际组织关于人工智能治理、新兴技术影响的报告，从中收集 AIGC 的发展方向和可能引发的社会、伦理等方面问题的信息。

（5）根据收集的资料梳理 AIGC 的发展历程，如早期萌芽阶段、沉淀积累阶段、快速发展阶段等。

（6）根据收集的资料分析 AIGC 存在的问题，如技术挑战、伦理道德、法律政策滞后等。

（7）将收集到的信息、梳理的 AIGC 发展历程和分析 AIGC 存在的问题进行整理和总结，并整合为一篇主题为"探索 AIGC 的发展历程与存在的问题"的 Word 文档。

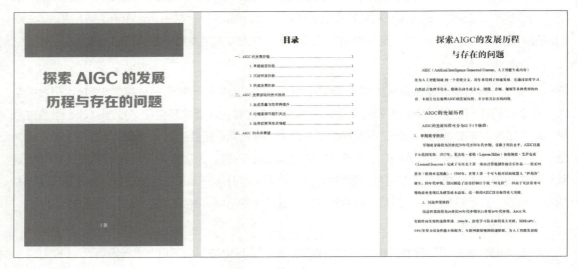

图 1-8

本章实训

1. 分析 AI 与 AIGC 的异同点，并举例说明它们在实际应用中的体现，如在广告营销领域，AI 可以用于收集用户画像，AIGC 则可以用于广告创意内容的自动生成与优化。

2. 探索 AIGC 在教育、金融等领域的应用，并举例说明。

3. 使用 AIGC 平台，尝试生成文本、图像、音视频等内容，并分析在同一主题下，AIGC 生成的内容与人工创作的内容有什么不同。

4. 基于当前办公智能化的发展趋势，预测未来几年内办公领域可能出现的新变化、新挑战及新机遇。

5. 思考除了文中提到的职业类型外，AIGC 还催生出了哪些新职业，这些职业的市场需求和未来前景如何。

Day1:重庆—成都

早上从重庆出发，到成都以后，去武侯祠、锦里古街、杜甫草堂、春熙路等景点游玩。晚上品味成都地道美食，如担担面、麻婆豆腐、成都火锅等。

Day2:成都—九寨沟

早上从成都出发，驱车前往九寨沟，沿途可欣赏岷江峡谷、松潘古城等自然风光。抵达九寨沟后，游览九寨沟景区，欣赏五花海、瀑布群等美景。晚上在九寨沟附近的饭店内品尝

◀ 使用AIGC工具生成的旅游方案

第 2 章

AIGC工具概述

当我们提起AIGC时，就不得不聚焦于那些让AIGC落地的工具。AIGC工具不仅是技术创新的显著成果，更是连接人类创意与机器智能的桥梁，AIGC工具可以通过深度学习和自然语言处理等先进技术，将复杂的内容创作过程简单化，使非专业人士也能轻松完成高质量的创作任务。

学习引导		
	知识目标	**素养目标**
学习目标	1. 了解常见的AIGC工具类型，并熟悉其应用页面 2. 掌握提示词的相关知识及AIGC工具的使用原则	1. 勇于探索未知领域，尝试将新技术应用于实际问题中，培养探索精神和创新精神 2. 培养持续学习和适应新技术的能力，保持自己在内容创作领域的竞争力
课前讨论	1. 你知道的AIGC工具的功能有哪些？例如，文字生成、图片生成、音乐创作等，你能举出一些具体的应用案例吗？ 2. 当你看到一篇文章、一幅图片时，你是否会认为它是由AIGC工具生成的？你觉得AIGC工具生成的内容和人类创作的内容有什么区别？ 3. AIGC工具是否会限制创作者的自由？它是否可能削弱人类创作的独特性？ 4. 传统的内容创作是由人来完成的，但当AIGC加入其中时，你认为它需要具备哪些条件才能生成有质量的内容呢？	

2.1　常见的AIGC工具类型

　　随着 AI 技术的飞速发展，AIGC 工具正迅速成为推动创新和提升效率的核心动力。AIGC 工具在多个创意领域展现出了强大的潜力，从文本生成到图像创作，再到音频与视频的制作，AIGC 工具的种类日益丰富。它们不仅能够提高生产效率，还能激发创造力，为各行各业带来革命性的变化。

2.1.1　文本类AIGC工具

　　文本类 AIGC 工具是利用 AI 技术自动生成或辅助生成文本内容的软件或平台。这类 AIGC 工具广泛应用于新闻写作、内容创作、营销文案撰写、报告撰写等多种场景，能够显著减少人工成本，提高工作效率，并且在一定程度上保证了内容的质量和一致性。文本类的 AIGC 工具有很多种，如文心一言、讯飞星火大模型等，它们适用于多种应用场景，可满足用户在内容创作、信息整理、语言学习等多方面的需求。图 2-1 所示为文心一言的应用页面，其应用页面大致可以分为 4 个板块，第一个板块是智能推荐区，第二个板块是聊天框，第三个板块是智能体区域，第四个板块是其他区域，包括对话、百宝箱和快速访问等。

1. 智能推荐区

　　智能推荐区的作用主要是推荐与用户兴趣或历史行为相关的内容。除此之外，该区域还会展示当前热门或新上线的内容，以帮助用户紧跟潮流。

图 2-1

2. 聊天框

聊天框位于智能推荐区的下方，是用户与文心一言进行交互的核心区域，在这个区域，用户可以输入问题、发表观点、提出需求，并得到文心一言的回应。此外，聊天框上方还为用户提供了创意写作、文档分析、网页分析、智慧绘图、多语种翻译 5 个功能按钮，通过这些按钮，用户可以更高效地与文心一言进行交互。

● "创意写作" 按钮。单击该按钮后，可展开 "创意写作" 面板，其中包含了多种创意写作工具和功能，这些工具和功能可以协助用户进行各种类型的文字创作。

● "文档分析" 按钮。单击该按钮后，可展开 "文档分析" 面板，用户上传文档后，可以要求文心一言对上传的文档进行一系列的深入分析和处理。

● "网页分析" 按钮。单击该按钮后，可展开 "网页分析" 面板，用户输入或粘贴网页地址后，可以要求文心一言快速总结或深入阅读对应网页的内容。

● "智慧绘图" 按钮。单击该按钮后，可展开 "智慧绘图" 面板，其中包含文案配图、LOGO、活动海报、壁纸、商品图等多种图片类型，选择某一类型的图片后，文心一言便会根据输入的要求创建与该图片相似的图片。

● "多语种翻译" 按钮。单击该按钮后，可展开 "多语种翻译" 面板，用户可在其中输入需要翻译的文本内容，并设置源语言和目标语言。

3. 智能体区域

智能体是指能够感知环境并采取行动，以实现特定目标的代理体，它具备自主性、适应性和交互能力。智能体可以是软件、硬件或一个系统。在 AIGC 工具中，智能体的类型多种多样，可以帮助用户在多个领域实现高效、便捷的任务处理。图 2-2 所示为文心一言的智能体广场，其中提供了多种功能各异的智能体，这些智能体可以在文心一言的平台上协同运作，极大地拓展了用户利用 AIGC 工具创造价值的边界。

图2-2

4．其他区域

其他区域位于文心一言应用页面的左侧，包含多个功能模块和入口，旨在为用户提供更加便捷、全面的服务。

- "对话"按钮💬。单击该按钮后，可开启一个新的对话窗口或页面。
- "百宝箱"按钮🧰。单击该按钮后，可在打开的面板中选择更多的工具和服务。
- "功能反馈"按钮✉️。单击该按钮后，用户可在打开的面板中反馈遇到的问题，或是提出改进建议。
- "个人中心"按钮🗄️。单击该按钮后，用户可在打开的面板中轻松管理自己的账户、订单和个人信息。

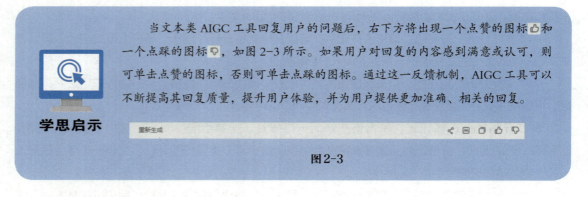

学思启示

当文本类AIGC工具回复用户的问题后，右下方将出现一个点赞的图标👍和一个点踩的图标👎，如图2-3所示。如果用户对回复的内容感到满意或认可，则可单击点赞的图标，否则可单击点踩的图标。通过这一反馈机制，AIGC工具可以不断提高其回复质量，提升用户体验，并为用户提供更加准确、相关的回复。

图2-3

2.1.2 图像类AIGC工具

图像类AIGC工具是利用AI技术来创建、编辑和优化图像内容的软件或平台。这类AIGC工具广泛应用于艺术创作、设计、广告、游戏开发等多个领域，能够大幅提高图像生成的效率，创造出传统方法难以实现的独特效果。无论是水彩画、油画，还是数字艺术作品，图像类AIGC工具都能轻松驾驭，为用户带来前所未有的创作体验。同时，这类AIGC工具还支持用户设置创作参数，让用户可以充分融入创作中。文心一格是一个典型的图像类AIGC工具，其应用页面如图2-4所示，其应用页面大致可以分为3个板块，第一个板块是功能选择区，第二个板块是参数设置区，第三个板块是效果展示区。

图2-4

1. 功能选择区

功能选择区位于应用页面的左侧，包括 AI 创作和 AI 编辑两大部分，旨在满足用户从灵感激发到作品完善的全过程需求。

● **AI 创作**。利用先进的算法帮助用户将脑海中的想法转化为具体的图像作品，这些图像不仅风格多样，而且细节丰富，能够充分满足用户的个性化需求。AI 创作包括推荐、自定义、商品图、艺术字和海报 5 大功能。

● **AI 编辑**。对图像进行精细化调整，包括图片扩展、图片变高清、涂抹消除、智能抠图、涂抹编辑和图片叠加 6 大功能。用户可以根据自己的喜好和创作需求，使用相应功能进一步优化和完善图像。

2. 参数设置区

参数设置区是文心一格的一个重要功能区域，它允许用户根据个人喜好或特定需求来调整图片生成的多个参数，包括画面类型、比例、数量、灵感模式等，以创作出更加独特和符合用户预期的艺术作品。

● **聊天框**。与文本类 AIGC 工具中的聊天框功能一样，它是一个与文心一格进行交互的窗口，用户可以在其中尽情地描述自己想要生成的图片场景。

● **画面类型**。包括唯美二次元中国风等类型，不同的画面类型的图像有不同的风格和特点，可满足不同领域和受众的需求。

● **比例**。包括竖图、方图和横图等比例，不同的比例会影响图像的构图方式和视觉效果，通过合理设置比例和灵活使用构图技巧，创作者可以创作出更加符合预期的图像作品，提升受众的视觉体验和感受。

● **数量**。用于设置生成图像的数量，最多9张，最少1张。

● **灵感模式**。开启该功能后，有概率提升图像风格的多样性，但灵感模式下生成的图片内容可能会与原始关键词不一致。

3. 效果展示区

效果展示区位于页面的中间位置，用于展示生成的图像，选择某一图像后，可以放大观看，也可以进行相应的编辑。

2.1.3 视频类AIGC工具

视频类 AIGC 工具是利用 AI 技术来生成、编辑和优化视频内容的软件或平台。这类 AIGC 工具广泛应用于影视制作、广告、教育、娱乐等多个领域，能够显著提升视频内容创作的效率与质量，为相关行业带来前所未有的变革。用户只需简单描述视频的主题、风格、场景等要素，视频类 AIGC 工具便能迅速生成一段符合要求的视频。这种智能化的创作方式不仅极大地提高了视频创作的效率，还使视频内容更加多样化，满足了不同用户的个性化需求。即梦 AI 是一个典型的视频类 AIGC 工具，其应用页面如图 2-5 所示，其应用页面大致可以分为两个板块，第一个板块是参数设置区，第二个板块是效果展示区。

图 2-5

1. 参数设置区

参数设置区位于应用页面的左侧，它包括模式选择、视频模型和基础设置，可以赋予用户前所未有的创作自由度，引导用户逐步深入创作的奇妙世界。

● **模式选择**。包括图片生视频、文本生视频和对口型。其中，图片生视频是指将用户上传的静态图片转换为具有连贯性和故事性的视频内容；文本生视频是指基于用户输入的文本将文字内容转化为动态视频；对口型是一种特殊的视频创作方式，它允许用户上传一张包含人物正脸的图片或一段包含人物正脸的视频，随后再输入一段文字或上传一段音频，如果输入的是文字，平台会自动将文字转换为音频，再将音频的声音与图片中或视频中的人物口型进行精准匹配，如果上传的是音频，平台就会自动将音频中的声音与图片或视频中的人物口型进行精准匹配。

● **视频模型**。包括视频 S2.0、视频 S2.0 Rro、视频 P2.0 Rro 和视频 1.2 四种模型。其中，视频 S2.0 生成视频的速度更快，且兼顾高品质效果；视频 S2.0 Pro 有更合理的动效，以及更生动自然的运镜；视频 P2.0 Rro 可以精准反应提示词，支持生成多镜头；视频 1.2 在生成速度上稍逊一筹，但在处理复杂场景和细腻情感的表达时，却能展现出更加出色的性能。

● **基础设置**。包括生成时长和视频比例两个参数。需要注意的是，即梦 AI 的视频生成时长为5秒，如果想要生成更长时长的视频，则需要选择其他视频类 AIGC 工具。此外，在"图片生视频"模式下，视频比例是自动匹配的，但在"文本生视频"模式下，视频比例可自由调整，包括 21∶9、16∶9、4∶3、1∶1、3∶4、9∶16 六种，用户可以根据自己的创作目的和投放平台的要求设置比例，生成相应的视频。

2. 效果展示区

效果展示区位于应用页面的右侧，用于展示生成的视频，同时还可以对其进行补帧、提升分辨率、AI 配乐等优化。

2.1.4 音频类AIGC工具

音频类 AIGC 工具是利用 AI 技术来生成、编辑和优化音频内容的软件或平台。这类 AIGC 工具广泛应用于音乐创作、语音合成、音频编辑、广播和播客制作等多个领域，能够显著提升音频内容的制作效率和品质，同时还能让创作者充分发挥自己的创意，打造出独一无二的音乐作品。网易天音是一个典型的音频类 AIGC 工具，其应用页面如图 2-6 所示，其应用页面大致可以分为 4 个板块，第一个板块是参数设置区，第二个板块是段落结构区，第三个板块是结构设置区，第四个板块是辅助工具区。

图2-6

1. 参数设置区

参数设置区位于应用页面的上方，用于设置音频的调号、拍号、拍速、风格等，使用户能够创作出更符合个人或项目需求的音乐作品。

- **调号**。调号决定了音乐作品的基本音高，即音乐作品的主音是什么。通过调整调号，用户可以改变音乐的整体音域和音色，赋予作品独特的氛围和情感色彩。

- **拍号**。拍号用于设置音乐作品中的节拍类型和节奏模式。它通常由两个数字组成，上面的数字表示每小节的拍数，下面的数字表示以几分音符为一拍。通过调整拍号，用户可以控制音乐的节奏感和律动，使作品更加生动和富有变化。

- **拍速**。拍速是指每分钟内的节拍数，它决定了音乐的快慢节奏。通过调整拍速，用户可以控制音乐的速度，营造出不同的音乐氛围和情感表达。

- **风格**。风格用于设定音乐作品的整体风格和类型，如流行、摇滚、古典、爵士等。通过选择适合的风格，用户可以快速为作品定下基调，并在此基础上进行进一步的创作和发挥。

2. 段落结构区

段落结构区位于应用页面的左侧，用于对创作的音频段落进行自由添加、调整或删除，使用户能够灵活构建和修改音乐作品的结构。

3. 结构设置区

结构设置区位于应用页面的中间位置，它不仅能帮助用户构建音乐作品的整体框架，还允许用户对每个段落进行精细的个性化设置，如调整根音、类型、底音等，以确保最终作品的独特性和高质量。

- **根音**。根音是音乐和弦的基础音，它决定了和弦的音质和调性。通过调整根音，用户可以改变段落的和弦色彩和整体氛围，为作品增添更多的层次。

- **类型**。根据创作需求，用户可以为不同的段落选择适合的类型，如主歌、副歌、桥段等。每种类型都有其特定的节奏、旋律和和声特点，有助于用户更好地表达创作意图和构建作品结构。

- **底音**。底音通常为作品提供稳定的低音支撑。通过调整底音，用户可以创造出更加丰富的低音效果，从而增强作品的节奏感和动感。

4. 辅助工具区

辅助工具区位于应用页面的右侧，这一区域集成了和弦进行和曲谱库两个辅助工具，旨在为用户提供更加便捷、高效的创作体验。其中，和弦进行可以帮助用户快速构建出和谐且富有感染力的旋律框架；而曲谱库则可以作为一个全面的音乐创作资源库，满足用户在不同创作阶段的需求。

2.1.5 办公类AIGC工具

办公类 AIGC 工具是利用 AI 技术来提高办公效率、优化工作流程，帮助用户在文档处理、数据分析、会议记录、项目管理等方面高效完成各项任务的软件或平台。这种 AIGC 工具的出现不仅极大地减轻了职场人士的工作负担，还显著提升了他们的工作效率和创造力。WPS AI 是一种典型的办公类 AIGC 工具，其应用页面如图 2-7 所示。用户使用 WPS AI 时，只需简单的几步操作，便可获得一系列智能化的办公辅助服务。

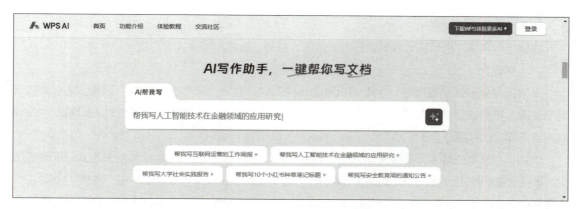

图2-7

2.1.6 其他AIGC工具

除了上述的文本类、图像类、视频类、音频类、办公类AIGC工具外，还有许多其他类型的AIGC工具在特定领域发挥着重要作用。例如，亿图脑图MindMaster可以根据用户输入的信息或思维框架，自动生成结构清晰、逻辑严密的思维导图，帮助用户更好地组织和展示思维内容，进而提高工作效率和激发创造力；新华妙笔可以基于用户输入的提示词或主题，自动撰写出风格多样、内容丰富的段落或文章，无论是工作报告、调研报告还是年度总结，都能轻松应对，极大地减轻了写作者的负担；通义听悟则专注于音频内容的处理和理解，能将音频内容自动转写成文字，并进行智能分析和总结，帮助用户快速获取音频中的关键信息，无论是会议记录撰写还是新闻资讯总结，都能轻松搞定。

这些工具不仅进一步拓展了AIGC的应用领域，还为用户带来了前所未有的创新体验和便利。

2.2 AIGC工具的应用核心：提示词

在使用AIGC工具生成内容时，有一个至关重要的元素贯穿始终——即"提示词"。提示词不仅是用户与AIGC工具进行交互的桥梁，更是激发AIGC工具创造力的关键所在。通过精心设计提示词，用户能够引导AIGC工具生成更加精准、富有创意的内容，从而在文本创作、图像生成、音乐制作等多个领域实现质的飞跃。

2.2.1 认识提示词

提示词是指那些在文本、对话、教学材料等内容中，用来引导、解释或强调特定信息的短语，它们的主要作用是帮助接收者（如读者、听众、用户等）快速理解、定位或记忆关键内容，从而提高信息传递的效率和准确性。在AIGC工具中，提示词用来引导AIGC工具生成特写的内容，并激发其创造力。用户通过精心构思的提示词，不仅能够引导AIGC工具生成符合语境、逻辑严密的内容，还能激发AIGC工具的创造力，使其生成富有新意和深度的作品。

1. 提示词的分类

根据结构特征，提示词大致可以分为关键词、短语、短句和段落4种形式。

（1）关键词

关键词是提示词中最简单，也是最直接的一种形式，通常由单个词汇构成，它能够精准地指向某个主题、概念或对象。关键词的简洁性给了AIGC工具较大的发挥空间，不过也正因如此，生成的内容可能会比较宽泛，不够精准。

例如，在文本生成中，如果关键词是"太空探索"，则AIGC工具可能会生成关于太空探索的历史、太空飞船的技术介绍、宇航员的经历等各种内容；在图像生成中，若关键词是"森林"，则AIGC工具可能会生成茂密的热带雨林、静谧的温带森林，或者带有奇幻色彩的森林等多种风格的图像。

（2）短语

短语比关键词稍长，能够具体地描述用户想要的内容。相较于关键词，短语能在一定程度上缩小AIGC工具生成内容的范围，使生成的结果更符合用户的预期。

例如，在文本生成中，短语"科幻爱情故事"就明确了故事的类型是科幻与情感相结合，这样AIGC工具在生成内容时，就会将科幻元素（如星际旅行、外星生物等）和爱情元素（如情侣之间的情感纠葛、浪漫邂逅等）融入故事中；在图像生成中，短语"复古风格海报"则会引导AIGC工具生成具有复古色彩、排版样式的海报。

（3）短句

短句是由几个词汇或短语组成的完整句子或句子片段，它通常包含主语、谓语等句子成分，这种形式的提示词能够表达更完整、更复杂的意图或需求，同时生成的内容也更具有针对性。

例如，在文本生成中，短句"请写一篇500字左右的文章介绍人工智能在医疗影像诊断中的应用"明确了文章的篇幅和主题，此时AIGC工具就会围绕人工智能在医疗影像诊断中的应用展开，并且控制文章篇幅在500字左右；在图像生成中，短句"生成一张带有冬季雪景的城市街道图，要有行人穿梭其中"详细说明了图像的场景（冬季雪景的城市街道）和细节要求（有行人），此时AIGC工具就会根据这些要求生成相应的图像。

（4）段落

段落是由多个短句组成的文本块，通常包含更详细、更全面的信息，能够更深入地表达用户的意图或需求。在AIGC工具中，段落提示词通常用于提供详细的背景信息、情感表达或故事线索等，以引导AIGC工具生成更符合用户期望的内容。

例如，在文本生成中，段落提示词可能是："请写一部中篇小说，故事背景设定在一座繁华都市的老旧街区，那里有一家充满故事的传统戏曲茶馆，馆主是一位德高望重的老戏骨。为了完成关于传统戏曲传承的毕业论文，一位热爱传统文化的大学生来探寻这个茶馆。在深入探寻的过程中，他了解到馆主背后曲折的从艺经历，以及茶馆里不同人物的百态人生，还有在现代社会潮流的冲击下，传统戏曲文化坚守与变革的艰难历程。"这样详细的段落提示词为AIGC工具提供了小说的故事背景、主要人物形象，以及核心故事脉络等关键信息，使其能够基于这些信息生成情节丰富、人物性格突出且饱含文化底蕴的中篇小说。

在图像生成中，段落提示词可能是："请生成一组概念艺术图，用于设计一个未来城市的游戏场景。这个未来城市位于沿海地区，是一个高度智能化的生态城市。城市中有高耸入云的摩天大楼，这些大楼的外观设计融合了生物科技和机械美学。建筑表面有植被覆盖，并且有复杂的能量传输线路。城市街道上有各种各样的交通工具，包括磁悬浮汽车、飞行摩托等。每一张概念图要从不同的角度展示这个城市，如从空中俯瞰城市中心、从街道仰视高楼大厦等，并且概念图的色彩风格要以冷色调为主，强调科技感和未来感。"这样的段落提示词能够引导 AIGC 工具生成一组具有统一主题和风格的概念艺术图，满足游戏场景设计的复杂需求。

这 4 种形式的提示词在 AIGC 工具中各有其独特的作用和价值，它们可以单独使用，也可以组合使用，从而更准确地表达用户的意图或需求。

2．提示词的组成

撰写提示词时，需要全面且细致地进行构思，以确保指令传达的信息准确无误。一个优秀的提示词必须包含参考信息、动作、目标、要求等组成部分，如图 2-8 所示。

图 2-8

明确了提示词需要包含的组成部分后，用户就可以进行提示词的撰写。下面是一些提示词示例，可供参考。

提示词示例

1. 借鉴市场上成功的营销案例，为新产品的上市策划一场具有吸引力的推广活动，要求能有效吸引潜在客户，提高产品知名度。
2. 请参考国内外优秀企业文化构建一套具有企业特色的文化体系，要求能充分体现企业的核心价值观。
3. 假设你是一位唐代诗人，此刻正站在黄山之巅，眼前是漫无边际的云海。请你根据已有的唐诗风格和数据创作一首七言绝句，借由这壮丽的云海景观抒发你对人生的深深感慨，并确保你的作品严格遵循七言绝句的平仄、押韵等格律要求。
4. 请结合我国教育部门的相关规定，编写一套针对青少年的心理健康教育课程，要求内容丰富、深入浅出，便于学生理解。

2.2.2　提示词的特点

在 AIGC 工具的应用场景中，提示词具有一系列鲜明的特点，这些特点确保它们能精准地引导 AIGC 工具生成与预期相符的内容。

1．明确性

提示词需要能清晰、具体地表达出用户的意图或需求，以便 AIGC 工具能准确理解并生成相应的内容。例如，如果希望 AIGC 工具生成一篇关于个人环保的文章，则提示词可以是："请撰写一篇

800 字左右的文章，主题为'个人行动对环境保护的影响'，强调日常生活中可以采取的具体措施。"

2．导向性

通过设置特定的条件或限制，可以引导 AIGC 工具生成具有特定风格、格式的内容。例如，生成一首诗歌，用户可以使用这样的提示词："创作一首现代诗歌，描述秋日黄昏的景象。"

3．启发性

优秀的提示词不仅可以告诉 AIGC 工具要做什么，还能激发 AIGC 工具的创造力，鼓励其生成新颖、独特的内容。例如，用户在要求 AIGC 工具生成一个关于未来城市的概念时，可以使用这样的提示词："请设想一个完全由可再生能源驱动的城市，并详细描述其中的建筑、交通和居民生活方式。"

4．适应性

好的提示词应具备一定的适应性，能够在不同的情境下灵活应用，同时保持对生成内容的有效引导。例如，在教育领域，用户可以先设计出提示词模板，再针对不同阶段的学生调整提示词，如为不同阶段的学生生成数学题目时，用户可以分别使用这样的提示词："为小学生编写一个简单的数学题目，包含加法和减法运算。""为中学生编写一个难易适中的数学题目，包含代数和概率。"

5．多样性

针对同一内容创作需求，用户即便在 AIGC 工具中输入相同的提示词，AIGC 工具也可能给出不同的结果。此外，用户也可以输入不同的提示词，得到更加多样化的生成结果。例如，用户要生成一张关于海边日落的图像，可以使用这样的提示词："请生成一张日落时海边的风景画，画面中有一对情侣手牵手走在沙滩上。"或使用这样的提示词："请生成一张海边日落的图像，重点展现海浪在余晖下波光粼粼的样子。"

2.2.3 提示词的使用技巧

大多数 AIGC 工具主要以问答的形式来获取所需信息，具体而言，就是通过输入的提示词向 AIGC 工具提出问题或需求，从而使 AIGC 工具生成相应的内容。在这一过程中，提示词的质量直接决定了 AIGC 工具生成内容的优劣。鉴于此，用户掌握一些提示词的使用技巧尤为重要。

1．避免歧义

用户尽量减少使用可能存在歧义的词汇或表达方式，表达应清晰和直接，这样有助于 AIGC 工具更好地理解问题。例如，涉及同名的人、小说、音乐、影视作品等问题时，用户就要表述清楚具体指的是哪一个，以免 AIGC 工具混淆。

2．注意逻辑性

如果问题涉及多个部分或需要按步骤解答，用户则可以先将问题分解成几个小问题，然后再按照逻辑顺序逐一进行提问。例如，"为什么天空是蓝色的，什么是光年？"这个提问实际上就可以拆分为两个提问，即"为什么天空是蓝色的？"和"什么是光年？"。

3．使用关键词

用户在提问时使用合适的关键词，可以帮助 AIGC 工具更快地识别问题的核心，并提供相关的信息。例如，错误的提问为"我想了解可以远程控制飞行、进行高空拍摄的摄影方法及原理"，正确的提问为"什么是无人机摄影，它是如何工作的？"，在正确的提问中，用户使用了"无人机摄影"这个关键词，明确指出了问题的主题，使得 AIGC 工具能够快速理解用户想要了解的是关于无人机摄影的定义以及其工作原理。

4. 限制范围

用户在提问时要设定一个明确的时间范围、地理范围或其他特定范围，这有助于 AIGC 工具在提供信息时缩小搜索范围，从而提高信息的针对性。例如，"20 世纪有哪些重要的科技发明？"与"历史上有哪些重要的发明？"相比，前者限制了时间范围，得到的信息也就更有针对性。

5. 使用正确的术语

用户如果了解一些术语，在提问时就可以使用正确的技术术语或行业术语，这有助于 AIGC 工具更准确地理解问题，提供更专业的信息。例如，"心脏跳动是怎么回事"得到的信息就没有"心脏的起搏机制是什么？"得到的信息专业。

6. 避免主观性

用户提问时尽量使用客观的语言提问，避免包含个人情感或主观判断，这样可以帮助 AIGC 工具更客观地提供信息。例如，"这部电影是不是很无聊？"就具有主观性，正确的提问方式应该是"这部电影的评价如何？"

7. 逐步深入

如果问题较为复杂，用户则可以先从简单的问题开始提问，然后再逐步深入，这样可以使 AIGC 工具更全面地了解问题。例如，用户初步提问"什么是神经网络？"，然后进一步提问"神经网络中的反向传播算法是如何工作的？"。

8. 反馈和修正

如果得到的信息不符合预期，用户则可以根据得到的信息重新提问，这样可以使 AIGC 工具更清楚用户想要得到的信息。例如，提问"世界上最高的山峰是什么？"如果 AIGC 工具的回答是"珠穆朗玛峰"，但用户实际上想了解的是"世界十大最高山峰的排名"，则可以重新提问："请列出世界十大最高山峰的排名，并提供它们的高度和所在国家。"通过这种反馈和修正，用户能够更精确地传达需求，从而使 AIGC 工具生成的内容更加符合预期。

学思启示

使用 AIGC 工具时，用户除了需留意主观性问题所带来的局限性外，还需特别注意非公开或敏感信息、实时更新的信息、需要人的经验或判断的问题。对于非公开或敏感信息，用户应避免在提示词中提及个人隐私或商业机密，以防数据泄露。对于实时更新的信息，由于 AIGC 工具的训练数据可能存在滞后性，用户可以提供最新的外部数据源或其他信息作为补充。而对于那些需要人的经验或判断的问题，尽管 AIGC 工具可以提供有价值的参考意见，但最终决策时仍需用户结合个人经验和实际情况而定。

2.3 AIGC工具的使用原则

随着 AIGC 技术的不断发展和应用范围的不断扩大，用户要充分利用 AIGC 工具，不仅需要掌握技术层面的技巧，还需要遵循一些基本的使用原则，以确保使用过程的安全性、合法性，同时发挥 AIGC 工具的最大价值。

2.3.1 需求驱动原则

需求驱动原则是指用户在使用 AIGC 工具时，要以具体的需求为出发点和落脚点，即用户首先需要明确自己想要达到的目标，如生成一篇文案用于产品推广、制作一段视频用于培训，或是设计一个创意图片用于广告宣传等，而不是盲目地使用 AIGC 工具进行内容生成。遵循这一原则可以显著提高内容的生成效率、保证内容生成的质量，以及避免滥用和道德风险。

1. 提高内容的生成效率

当以需求为导向时，用户可以更加精准地设计提示词。例如，如果用户是一名电商商家，需要为一款新的智能手表撰写产品描述，明确的需求提示词可以是"请为一款具有心率监测、睡眠监测功能，续航时间为 7 天等卖点的智能手表写一个 300 字左右的产品描述，突出它的健康监测和长续航优势。"此时，AIGC 工具就能根据这个明确的要求快速生成符合用户需求的内容，避免生成大量无关内容后再进行筛选，从而提高工作效率。

2. 保证内容生成的质量

有了明确的需求后，生成的内容就更有可能符合实际应用场景的质量标准。以内容创作领域为例，如果用户需要 AIGC 工具为严肃的学术论文写作提供辅助，那么在遵循需求驱动的原则下，用户可以要求 AIGC 工具按照学术规范提供有可靠引用来源、逻辑严谨的内容，这样生成的内容具有较高的质量，可以更好地融入论文写作中。

3. 避免滥用和道德风险

如果没有合理的需求驱动，可能会出现用户随意使用 AIGC 工具生成内容，甚至将其用于不正当目的的情况。例如，在没有合理需求的情况下，用户使用 AIGC 工具批量生成虚假新闻或者抄袭他人创意来谋取利益。而需求驱动原则能够确保内容生成是为了满足正当的、有实际价值的需求，如用于个人学习、企业内部的知识分享等，从而减少道德和法律方面的风险。

2.3.2 优势匹配原则

优势匹配原则是指用户在使用 AIGC 工具时，要将工具的优势与具体的任务、需求相匹配。AIGC 工具具有多种能力，如文本生成、图像创作、数据分析等，但不同工具在不同领域的表现不同。所以用户需要明确自己的目标，找到优势与需求相匹配的 AIGC 工具来使用。

例如，在内容创作领域，若目标是快速生成大量且富有创意的社交媒体文案，那么选择一款擅长文本生成且具备情感分析和风格模仿能力的 AIGC 工具将显得尤为关键。这样的工具能根据目标受众的偏好自动生成既符合品牌形象，又能引发用户共鸣的文案，从而在海量信息中脱颖而出。

如果用户是一位广告设计师，需要为新的产品宣传活动创作一系列吸引人的图像，那么在众多 AIGC 工具中，就应当选择那些在图像创作领域表现卓越的工具。这些工具可能具有强大的渲染能力、多样化的模板及便捷的元素编辑功能，可以帮助设计师快速生成高质量的、不同风格（如写实风格、卡通风格、抽象风格等）的产品宣传图，从而更好地吸引目标受众的注意力。

对于数据分析人员而言，当需要处理海量的数据并从中挖掘有价值的信息时，具有强大数据分析能力的 AIGC 工具就成为首选，它们可以高效地完成数据清洗、特征提取、模型构建等复杂步骤，还能以直观易懂的方式呈现分析结果，让数据分析人员可以快速地洞察数据背后的规律和趋势，为决策提供有力支持。

在实际操作中，用户甚至可以结合使用具有不同优势的 AIGC 工具。例如，在进行一个融合了图像、文案和数据分析报告的多媒体项目时，用户可以先利用图像创作能力强的 AIGC 工具设计图像，然后使用擅长文本生成的 AIGC 工具撰写生动有趣的文案，最后通过数据分析能力强的 AIGC 工具评估项目的效果。用户通过结合使用各类 AIGC 工具可以充分发挥它们在不同方面的优势，从而提升整个项目的质量和效率。

2.3.3　知识更新原则

知识更新原则是指用户在使用 AIGC 工具时，要持续、主动地对已有的知识体系进行更新、补充和完善。自 AIGC 问世以来，它便以惊人的速度不断更新与进化，每一次迭代都伴随着一系列新颖功能的推出，这些功能纷繁复杂，令人目不暇接。为了更好地掌握并灵活应用这些功能，持续学习就显得尤为重要，用户不仅要专注于 AIGC 本身的发展，还要追踪与了解与之相关的各个领域的知识，以确保自己能够在快速变化的技术浪潮中保持领先。一般来说，常用的 AIGC 工具学习途径主要有以下两种。

1. 官方使用指南

AIGC 工具的开发团队通常会在其官方网站上发布详细的更新日志、新功能介绍及使用方法等信息。这些信息对于用户来说至关重要，它们不仅能够帮助用户及时了解 AIGC 工具的新功能，还能指导用户如何更好地利用新功能来提升工作效率或创作质量。以文心一言为例，它会在官方网站中提供新的使用指南和教程，这些教程通常涵盖了 AIGC 工具使用方法的各个方面，从基础操作到高级功能，以确保用户能够快速上手并充分利用新功能。因此，对于使用 AIGC 工具的用户来说，定期访问各个 AIGC 工具的官方网站是一个获取新资讯的较佳选择。

图 2-9 所示为文心一言的官方使用指南，该指南采用循序渐进的方式向用户展示了文心一言的基本应用和进阶应用，从而方便用户全面掌握这一工具的使用方法。

2. 微信公众号

许多 AIGC 工具的开发团队还会在社交平台上设立官方账号，如微信公众号、微博等，用于发布一些工具的新动态、案例分享、使用技巧等。豆包和文心一言的微信公众号如图 2-10 所示。关注这些官方账号，用户可以及时获取一手的更新信息，并且有时还能参与官方组织的互动活动。另外，用户还可以向开发团队提问或反馈问题，以不断提升自己的工具应用能力。

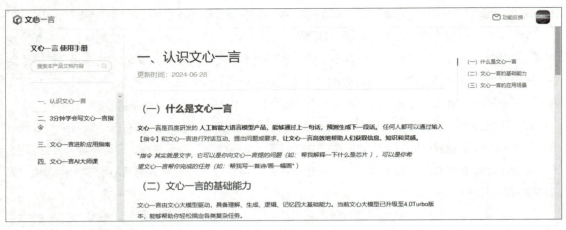

图 2-9

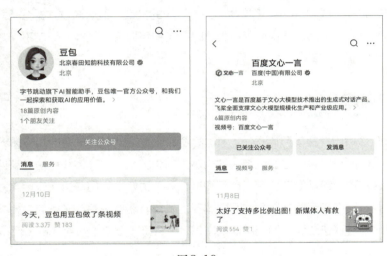

图 2-10

除了上述两种学习途径外，用户也可以报名参加一些在线学习平台、教育机构或开发团队提供的 AIGC 工具培训课程，系统地学习 AIGC 工具的新知识和使用技巧，还可以通过观看教程视频、阅读教程文章等方式进行自主学习。

实战演练

任务　利用讯飞星火大模型创建"旅游小助手"智能体并生成旅游方案

旅游方案是指为了实现一次愉快、有序且充实的旅行而制订的一系列计划和安排。一个详尽而周全的旅游方案通常包括目的地的选择、行程的规划、住宿的预订、交通方式的安排、预算的制定，以及应急措施的准备等多个方面。通过制定旅游方案，我们能够更加有条理地规划和安排旅行过程，以确保旅行既愉快、有序又充实。同时，我们也能够在旅行中更好地领略当地的风景和文化，进一步拓宽自己的视野和见识。

1. 需求分析

小郑是一位热爱旅行与探索的年轻人，他计划利用 3 天的假期时间前往四川进行一次短途旅行。小郑对四川的向往由来已久，他无数次在书籍、电影和网络上领略过四川的古朴小镇和繁华都市的风貌。这次，他希望能够亲自踏上这片土地，去感受四川的风土人情，去品尝那些在网络上被无数人点赞推荐的地道美食，去探寻那些隐藏在山川之间的自然奇观。他相信，通过这次旅行，他一定能够亲身体验到四川独特的魅力，为自己的旅行生涯增添一段难忘的回忆。由于时间紧张，小郑决定借助 AIGC 工具来生成旅游方案，然后再根据实际情况进行调整。

2. 思路设计

利用讯飞星火大模型创建"旅游小助手"智能体并生成旅游方案时，可以按照以下思路进行设计。

● **设计智能体**。查看所使用的 AIGC 工具是否提供了关于旅游出行的智能体，如果没有，则进行个性化创建；如果有，则直接使用。

● **提供旅游信息**。向 AIGC 工具提供关于旅游计划的基本信息，包括旅游目的地、预期行程天数、交通方式（如自驾、公共交通）等。

● **方案审核与优化**。生成初步的旅游方案后，检查行程的顺序、景点的开放时间、交通的顺畅度及预算的合理性，确保方案既符合用户需求又实际可行。

● **美化旅游方案**。保存方案内容，并利用稿定设计、创客贴等设计工具将其设计成既专业又吸引人的文档。

旅游方案的最终参考效果如图 2-11 所示。

图2-11

3. 操作实现

利用讯飞星火大模型创建"旅游小助手"智能体并生成旅游方案的具体操作如下。

（1）在浏览器中搜索"讯飞星火大模型"，进入其应用页面后，在右侧单击"更多智能体"超链接，在打开的页面中单击 +创建智能体 按钮，打开"一句话创建智能体"窗口，在其中单击"创建高阶智能体"超链接，如图2-12所示。

（2）打开"编排创建智能体"窗口，单击右上角的"指令创建"超链接，如图2-13所示。

图2-12

图2-13

（3）打开"新建智能体"页面，在"基本信息"栏、"智能体指令"栏和"功能选项"栏依次输入相关信息，再单击 ⊗AI生成 按钮，使AI智能生成头像，然后在右侧测试并预览当前智能体的效果，如图2-14所示。

（4）如果效果符合需求，则单击 创建 按钮，创建该智能体；如果不满意，则继续修改指令，直至满意为止。

（5）在"创建智能体"页面选择创建的智能体，再单击"对话"超链接，如图2-15所示。

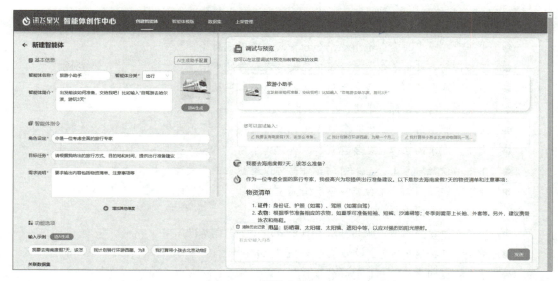

图2-14

图2-15

（6）打开智能体对话窗口，在下方的聊天框中输入提示词"我是一个重庆人，我想去四川自驾游3天，请为我规划这3天的行程和推荐当地的特色美食，并告诉我应该注意些什么？"，然后按"Enter"键获取结果。

Q

我是一个重庆人，我想去四川自驾游3天，请为我规划这3天的行程和推荐当地的特色美食，并告诉我应该注意些什么？

A

很高兴为您规划这次四川自驾游行程。以下是为期3天的行程安排、当地特色美食推荐及出行准备建议：

行程规划

第1天：重庆出发–成都

● 上午：从重庆出发，前往成都。抵达后参观武侯祠和锦里古街，感受三国文化与现代商业的完美结合。

- 中午：在锦里品尝成都小吃，如担担面、麻婆豆腐等。
- 下午：前往杜甫草堂，了解唐代伟大诗人杜甫的生活。
- 晚上：在春熙路品尝成都火锅，体验地道的麻辣风味。

第2天：成都–乐山大佛–峨眉山

- 上午：驱车前往乐山，游览世界文化遗产之一——乐山大佛。
- 中午：在乐山品尝当地特色菜肴，如跷脚牛肉。
- 下午：前往峨眉山，如果时间允许，可以游览报国寺或进行短途徒步。
- 晚上：在峨眉山脚下住宿，享受山间宁静。

第3天：峨眉山–回重庆

- 上午：早起登峨眉山金顶，观赏日出云海（视天气情况而定）。
- 中午：下山途中可享用午餐，尝试峨眉豆花。
- 下午：返回重庆，结束愉快的旅程。

注意事项

1. 提前预订酒店和景点门票，避免旅游高峰期无法预订。
2. 尊重当地文化习俗，文明旅游。
3. 携带足够的现金和银行卡，以备不时之需。
4. 保持通信畅通，随时与家人或朋友保持联系。
5. 准备好个人常用药物，以防身体不适。安全第一：注意人身和财物安全，遵守景区规定，不要攀爬危险区域。

希望这些建议能帮助您更好地规划这次四川自驾游，祝您旅途愉快！

（7）如果已经去过了某个景点，想换一个没有去过的，则可以在聊天框中继续输入提示词"乐山我已经去过了，我想换个其他地方，如九寨沟、稻城亚丁、四姑娘山等，请为我重新规划行程。"，然后按"Enter"键获取结果。

Q

乐山我已经去过了，我想换个其他地方，如九寨沟、稻城亚丁、四姑娘山等，请为我重新规划行程。

A

当然可以，根据您的需求，我为您重新规划了以下行程：

第1天：重庆–成都

- 上午：从重庆出发，前往成都。抵达后参观武侯祠和锦里古街，感受三国文化与现代商业的完美结合。
- 中午：在锦里品尝成都小吃，如担担面、麻婆豆腐等。
- 下午：前往杜甫草堂，了解唐代伟大诗人杜甫的生活。
- 晚上：在春熙路品尝成都火锅，体验地道的麻辣风味。

第2天：成都－九寨沟
- 上午：从成都出发，驱车前往九寨沟。沿途可欣赏岷江峡谷、松潘古城的风光。
- 中午：在途中合适的餐馆享用午餐，建议品尝一些当地的特色菜。
- 下午：抵达九寨沟后，游览九寨沟景区，欣赏五花海、瀑布群等美景。九寨沟以其独有的钙华景观、海子、瀑布群和雪峰构成了如诗如画的景致。
- 晚上：在九寨沟沟口附近选择合适的酒店住宿。

第3天：九寨沟－黄龙－重庆
- 上午：前往黄龙，游览黄龙寺、五彩池等景点。
- 中午：在黄龙景区附近的餐馆享用午餐。
- 下午：驱车返回重庆，结束愉快的旅程。

注意事项

1. 提前预订酒店和景点门票，避免旅游高峰期无法预订。九寨沟和黄龙都是热门景点，建议提前在线预订门票。

2. 保持通信畅通，随时与家人或朋友保持联系。

3. 准备好个人常用药物，以防身体不适。

希望这些建议能帮助您更好地规划这次四川自驾游，祝您旅途愉快！

（8）确定好旅游路线后，使用其他设计工具，在其中选择合适的模板并进行适当修改，最后将制作好的旅游方案发送给其他同行人员。

本章实训

1. 注册并登录一个或多个 AIGC 工具，并尝试使用 AIGC 工具完成创作，如撰写一篇关于未来科技的短文，绘制一幅关于未来城市的画卷等。

2. 关注一些常用的 AIGC 工具公众号，从中学习 AIGC 工具应用的小技巧，并将其应用到实际工作中。

3. 尝试创建营销、公文、学习、健康等方面的智能体，并使用这些智能体完成相应的任务，如管理日程、制定营销策略、撰写和编辑公文、制作学习资源、跟踪健康状况等。

发表

在云南的美好时光里，我找到了心中的诗和远方。

丽江的古老石板街道，讲述着千年的故事；

巍峨的玉龙雪山，是大自然最壮丽的画卷。

品尝过云南的小吃，感受过纳西族的文化，我深深地被这片土地的魅力所吸引。

这次旅行，不仅让我放松了身心，更让我对生活有了新的认识。

◀ 使用AIGC
工具生成的
微信朋友圈
文案

第3章
AIGC文本生成与辅助写作

　　随着AI技术的兴起和发展，AIGC文本生成与辅助写作工具正在改变着传统的写作模式，为人们提供更加高效、便捷的写作体验。创作者通过使用这种AIGC工具，可以在短时间内生成大量的文字内容，既提高了创作者的工作效率，又为其提供了新的写作思路。

学习引导		
	知识目标	**素养目标**
学习目标	1. 熟悉各种常用AIGC文本生成和辅助写作工具 2. 掌握在不同场景中运用AIGC工具生成文本内容的方法 3. 掌握利用AIGC工具进行文本处理和文本优化的方法	1. 培养批判性思维，能够理智地评估AIGC生成内容的可信度和准确性 2. 尊重版权，避免抄袭行为的发生，促进创意产业健康有序的发展
课前讨论	1. AIGC工具是什么？它与我们日常使用的搜索引擎、智能客服等有何异同？ 2. 在创意写作领域，AIGC工具有哪些具体的应用场景？ 3. 我们应该如何平衡AIGC工具辅助写作的便利性与生成内容的真实性和可靠性？	

3.1　常用的AIGC文本生成与辅助写作工具

AIGC 文本生成与辅助写作工具，即利用 AI 技术自动生成文本内容或辅助用户进行写作的各种软件或在线平台。这些工具通过深度学习和自然语言处理等技术，能够准确地理解用户的输入和需求，进而生成高质量、连贯、有逻辑的文本内容。目前，AIGC 文本生成与辅助写作工具已在商业报告撰写、市场营销方案制定等场景广泛应用，是现代内容创作和文本处理的得力助手。

3.1.1　文心一言

文心一言是百度推出的全新一代知识增强大语言模型，能够与用户对话互动、回答问题、协助创作，可以高效便捷地帮助用户获取信息、知识和灵感。目前，文心一言的应用范围十分广泛，无论是撰写报告、编辑文档，还是进行数据分析，它都能够为用户提供有力的支持。此外，文心一言还具备强大的学习能力，它正通过不断的训练和优化，持续提升着性能和准确性，以满足用户日益增长的多样化需求。

3.1.2　讯飞星火大模型

讯飞星火大模型是科大讯飞发布的新一代认知智能大模型，能够在与人对话互动的过程中，提供文本生成、知识问答等多种功能。讯飞星火大模型展现出了广泛的应用前景。例如，在教育领域，该模型能够根据学生的学习情况和需求提供个性化的学习建议和辅导，帮助学生更好地理解和掌握知识；在医疗领域，它能够协助医生进行病例分析、提供诊断建议，从而提升医疗服务的效率和准确性。此外，在金融、法律等多个行业，讯飞星火大模型也在发挥着重要的作用，并推动着行业的智能化升级。图 3-1 所示为讯飞星火大模型的应用页面。

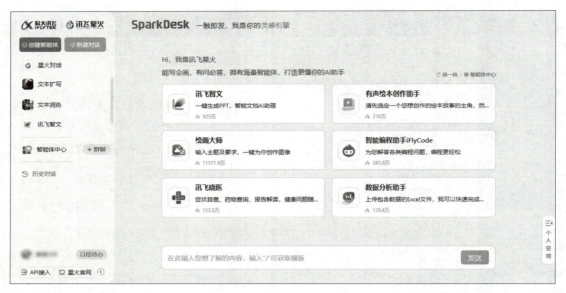

图 3-1

3.1.3 智谱清言

智谱清言是由北京智谱华章科技有限公司推出的生成式 AI 助手，它结合了自然语言处理、机器学习等先进技术，旨在为用户提供智能问答、信息检索、文本生成、数据分析等服务。智谱清言的应用场景广泛，可以用于企业客服、教育培训、个人助理等多个领域，能有效提高用户的工作效率和生活质量。图 3-2 所示为智谱清言的应用页面。

图 3-2

3.1.4 通义

通义，意为"通情，达义"，前身为通义千问，是由阿里云推出的一个语言模型，致力于为用户提供工作、学习和生活上的帮助，其功能主要包括多轮对话、文案创作等。图 3-3 所示为通义的应用页面。

图3-3

3.1.5　豆包

豆包是由字节跳动公司基于云雀模型开发的一款AIGC工具，提供聊天机器人、写作助手及英语学习助手等功能，它可以回答用户提出的各种问题并进行互动对话，以帮助用户获取信息。图3-4所示为豆包的应用页面。

图3-4

3.1.6　笔灵AI

笔灵AI是由上海简办网络科技有限公司开发并运营的一款面向专业写作领域的AIGC文本工具，它提供的服务包括AI论文写作、AI公文写作等，旨在帮助用户快速生成各类文本。作为一款全能型AIGC文本工具，笔灵AI适用于多种场景，如工作汇报、演讲等。此外，笔灵AI还提供AI文档续写、改写、扩写、润色等服务，可以帮助用户快速解决写作过程中遇到的各种难题。图3-5所示为笔灵AI的应用页面。

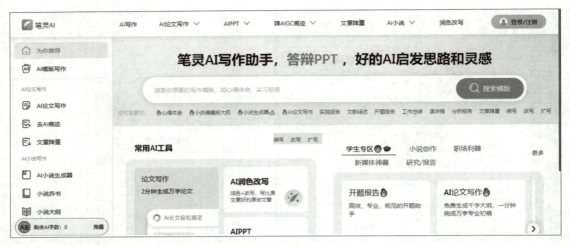

图3-5

3.1.7　Kimi

　　Kimi 是由北京月之暗面科技有限公司于 2023 年 10 月 9 日推出的一款智能助手，它提供了长文总结和生成、联网搜索、数据处理、代码编写、用户交互、翻译等多种功能，其主要应用场景为翻译和理解专业学术论文、辅助分析法律问题、快速理解 API 开发文档等，旨在通过先进的人工智能技术帮助用户高效处理信息，提升工作和学习效率。图 3-6 所示为 Kimi 的应用页面。

图3-6

3.1.8　DeepSeek

　　DeepSeek 是由杭州深度求索人工智能基础技术研究有限公司开发的一款 AI 助手，它在自然语言处理、大数据分析、个性化推荐、智能交互、跨平台整合及安全性与隐私保护等方面均具有显著优势。图 3-7 所示为 DeepSeek 的应用页面。

图3-7

3.1.9 ChatGPT

ChatGPT 是由 Open AI 研发的一款基于人工智能技术的聊天机器人，它能够通过学习人类日常语言来理解人类的语言表达方式，并生成符合语法规则、语义清晰、上下文连贯的回答或建议，这使得 ChatGPT 在对话系统、问答系统、文本生成等应用场景中具有广泛的应用价值。通过 ChatGPT，用户可以与一个看似真实的 AI 伙伴进行互动，无论是对话交流还是获取信息，用户都能得到有趣且有用的回答。

学思启示

AIGC 技术的兴起极大地提升了内容生产的效率，然而，它也引发了一系列关于版权归属与道德伦理等问题的探讨。例如，由 AIGC 工具生成的内容的版权应该归属于何方？当 AIGC 工具生成的内容中出现抄袭、虚构等不良情况时，责任又该由谁来承担？面对这些亟待解决的问题，用户需要深思熟虑，并在实际应用中审慎而合理地运用各种 AIGC 工具。

3.2　利用AIGC工具生成多场景文本

在当今这个信息爆炸的时代，文本内容的需求量正在日益增长，从新闻报道到学术研究，从商业计划书到创意写作，许多领域都需要有高质量文本的支持。为了满足这一需求，AIGC 技术便被广泛应用于文本生成领域。通过机器学习和自然语言处理技术，各种 AIGC 工具能够自动生成多种场景中使用的文本内容，无论是撰写正式的报告、创作故事，还是编写代码，AIGC 工具都能为用户提供高效的文本生成服务，并带来前所未有的创意体验。

微课

利用AIGC
工具生成
多场景文本

3.2.1 生成新闻报道

新闻报道是指以文字、图片、视频等形式，通过报纸、杂志、电视、广播、互联网等媒介对新近发生的事实进行客观、公正、及时的报道的文本。由于新闻自身具有的时效性和较大的影响力，这类文本在现代社会中扮演的角色至关重要。

我们在撰写新闻报道时，需要准确、客观地传递信息，同时吸引读者的注意力并引导他们深入了解事件的起因、经过和结果。因此，在使用 AIGC 工具生成新闻报道时，需要向 AIGC 工具准确提供新闻报道的主题、框架结构和报道语气等信息，使 AIGC 工具能够准确识别用户指令，进而生成令人满意的内容。下面是使用 DeepSeek 根据提供的提示词示例生成新闻报道的效果展示。

案例提示	效果展示
提示词示例：请撰写一篇关于星河智创科技有限公司最新研发的"星河芯睿"人工智能芯片的新闻报道。新闻报道需要包括芯片名称、研发背景、技术特点、应用领域、可能带来的影响等内容。请确保新闻报道的用词专业且具有启发性，字数为 600 字左右。 **AIGC 工具选择**：DeepSeek	星河智创发布"星河芯睿"人工智能芯片，引领AI计算新纪元 近日，星河智创科技有限公司正式发布了其最新研发的人工智能芯片——"星河芯睿"。这一突破性成果标志着该公司在人工智能硬件领域的技术实力迈上了新台阶，也为全球AI计算市场注入了新的活力。 "星河芯睿"芯片采用了先进的7纳米制程工艺，集成了数千个专用计算单元，能够高效处理大规模并行计算任务。其独特的架构设计不仅显著提升了计算性能，还大幅降低了功耗，实现了性能与能效的完美平衡。此外，芯片支持多种AI框架和算法，具备高度的灵活性和可扩展性，能够适应从云端到边缘端的多样化计算需求。 …… 扫码查看

1. 新闻报道的特点

新闻报道作为一种特殊的信息载体，具有鲜明的特点，这些特点决定了它在传播信息、引导公众思想和推动社会变革中具有独特地位。新闻报道所具备的特点包括以下几个方面。

● **时效性**。新闻报道强调时效性，这要求新闻工作者需在第一时间将新闻事件报道给公众，以确保信息的新鲜度。

● **客观性**。新闻报道要求记者在报道过程中保持客观中立，避免个人情感或偏见的干扰，真实地描述事实。

● **准确性**。新闻报道的信息来源必须可靠，报道的内容必须经过核实，数据必须精确，以确保报道的真实性和可信度。

● **简洁性**。由于版面和时间的限制，新闻报道通常要求简洁明了，用尽可能少的文字传达尽可能多的信息。

● **可读性**。新闻报道应具有良好的可读性，应使用通俗易懂的语言，使不同层次的人都能理解。

● **互动性**。在互联网时代，新闻报道应具备互动性，通过评论、分享等功能，让公众参与到新闻的传播和讨论中来，使公众能够表达自己的观点。

● **透明度**。新闻报道应披露信息来源，保证报道的透明度，让公众能够评估信息的可靠性。

● **全面性**。新闻报道应尽可能全面地覆盖事件的各个方面，提供多角度的视野，使公众能够获得完整且全面的信息。

● **多样性**。新闻报道涵盖政治、经济、文化、科技等多个领域，包括文字、图片、视频等多种形式，可满足公众的不同需求。

2. 新闻报道的提示词设计要点

使用 AIGC 工具撰写新闻报道时，提示词的设计至关重要。好的提示词不仅能提高新闻报道的准确性和可读性，还能增强信息的传递效果、提高受众的理解度。因此，我们在设计新闻报道提示词时，需要考虑以下要点。

● **强调时效**。强调报道的时效性，确保生成内容与当前事件时间相符，如"报道即将举行的国际会议的筹备情况"。

● **定位主题**。确定新闻报道的主题，如政治、经济、社会、科技等，如"关于国家最新科技发展的新闻报道"。

● **选择角度**。确定报道的角度，如事件报道、深度分析、人物专访、趋势预测等，如"深度分析最近经济政策对市场的影响"。

● **依据事实**。提供准确、可靠的事实信息作为报道的基础，如"根据最新的统计数据报道城市交通的拥堵问题"。

● **突出价值**。强调新闻的新鲜性、重要性、趣味性，如"报道本地区首次举办的国际马拉松赛事"。

● **搭建框架**。设计新闻报道的结构，通常包括引言、正文、结论，如"撰写一篇包含引言、三个主要观点和结论的新闻报道"。

● **明确风格**。确定报道的语言风格，如正式、非正式、客观、中立等，如"撰写一篇客观、正式的新闻报道"。

● **定位受众**。考虑目标受众的特点和偏好，如年龄、性别、文化背景等，如"针对年轻人撰写一篇关于创业趋势的报道"。

● **引用来源**。说明报道中应引用的信息来源，如官方声明、专家评论、目击者证言等，如"引用至少三位行业专家的观点"。

● **增加关键词汇**。确定报道中需要包含的关键词汇，保证生成内容符合预期，如"报道中需多次提及'可持续发展'和'绿色能源'"字样。

● **指定文本长度和格式**。指定报道的长度和格式，如字数限制、段落划分、标题大小等，如"撰写一篇不超过 800 字的新闻报道，包含至少三个小标题"。

技能练习

请你使用通义撰写一篇主题为"AIGC"的新闻报道，要求如下。

（1）确保新闻报道的内容与当前 AIGC 领域的最新动态和趋势紧密相关，突出其时效性和重要性。

（2）确保所有信息和数据都是准确可靠的，避免夸大或误导。

（3）强调 AIGC 对行业、社会和个人的潜在价值和影响。

（4）根据新闻报道的发布渠道和受众，选择合适的语言风格，如正式、专业、通俗易懂等。

（5）引用权威的数据源和专业机构的观点，增加新闻报道的可信度。

（6）报道中需要包含"AIGC""AI 技术""创新应用"等词汇。

3.2.2 生成营销文案

营销文案是指用于宣传和推广产品、服务或品牌，以吸引目标受众的注意力并促使其采取购买行动的宣传性文本。这种类型的文本可以在多种渠道和平台上出现，如社交媒体、电子邮件、广告、网站、产品包装等。

创作者撰写营销文案时，关键在于精准捕捉目标受众的兴趣点，并以富有创意和吸引力的方式宣传产品或服务的独特卖点。在使用 AIGC 工具生成营销文案时，创作者需要向其准确提供营销文案的目标受众、产品特点和营销目的等信息，使 AIGC 工具能够基于这些信息生成既符合品牌调性又能有效触达受众心灵的文案，最终实现营销目标，提升转化效率。下面是使用智谱清言根据提供的提示词示例生成营销文案的效果展示。

案例提示	效果展示
提示词示例：请撰写一篇针对年轻消费者的营销文案，突出灵耀手机的高性能、时尚设计和优惠活动。文案应具有创意，能够激发年轻消费者的兴趣，并鼓励他们购买。字数为300字左右，适合在小红书上发布。 AIGC工具选择：智谱清言	🎇【年轻就要这么玩！灵耀手机，为青春加速】🎇 朋友们，你还在为找不到一款心仪的手机而烦恼吗？今天给大家带来一款真正为年轻人设计的灵耀手机，它不仅外形美观，性能还高！ 💠【高性能，畅快不等待】灵耀手机内置高性能处理器，能够轻松满足多任务运行的需求，让你远离卡顿，拥有良好的操作体验。同时，它还配备了良好的散热系统，即使长时间使用也不必担心机身过热。 扫码查看

1. 营销文案的特点

就内容表现而言，营销文案不仅能精准描述产品特性，还能巧妙融入情感元素与场景描绘；就作用方式而言，营销文案既能通过直接呼吁的方式激发消费者的购买欲望，也能通过故事讲述和品牌形象塑造的方式潜移默化地影响消费者。与传统广告文案相比，营销文案具有以下特点。

● **针对性**。营销文案通常针对特定的受众群体设计，包括年龄、性别、兴趣爱好、收入水平、地理位置等，以确保信息能够精准触达受众。

● **简洁性**。营销文案通常使用简短的句子、清晰的段落和直观的视觉元素，以便受众能够快速理解文案的主要信息。

● **创意性**。为了吸引受众的注意力，营销文案往往采用新颖独特的写法，包括采用修辞手法、故事化叙述，或从独特的视角来传达信息。

● **适应性**。营销文案需要根据不同的平台（如社交媒体、电子邮件、网页等）和受众习惯进行调整，以确保适合多数受众的口味。

● **一致性**。营销文案在传达信息时，需要与品牌形象和调性保持一致，以维护品牌的一致性和统一性。

2. 营销文案的提示词设计要点

营销文案通常承担着吸引目标受众、传递品牌价值、激发购买欲望及促进销售转化等重要任务。因此，创作者在设计营销文案提示词时，需要注意以下要点。

- **明确目标受众**。明确目标受众的年龄、性别、兴趣、需求和行为特征，如"针对 25 ～ 35 岁的都市白领女性撰写一篇护肤产品的宣传文案"。

- **突出产品特点**。突出产品的卖点、功能和优势，如"撰写一篇智能手表的宣传文案，需突出这款智能手表续航能力高达 30 天这一特点"。

- **明确营销目标**。确定营销的目的，如提高品牌知名度、增加销量、推广活动等，如"撰写一篇旨在提升新季服装系列认知度的营销文案"。

- **明确语言风格**。根据品牌形象和目标受众明确语言风格，如正式、幽默、亲切等，如"使用轻松幽默的语言推广我们的健康零食"。

- **强调差异**。强调与竞争对手之间的差异和自身优势，如"突出我们的食材与市场上其他品牌的食材的不同之处"。

技能练习

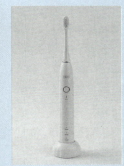

上图为一组电动牙刷的产品图，请你使用文心一言为其撰写一篇小红书营销文案，要求如下。

（1）强调电动牙刷的独特卖点，如清洁效果、智能功能、设计美学、耐用性等。

（2）确定营销的主要目标，如提高品牌知名度、增加销售量等。

（3）语气自然、亲切，避免过于正式或生硬的表达。

（4）突出电动牙刷与竞品的区别，如技术优势、独特设计、用户体验等。

学思启示

《中华人民共和国广告法》明确表示，广告应当真实、合法，以健康的表现形式表达广告内容，符合社会主义精神文明建设和弘扬中华民族优秀传统文化的要求。广告不得含有虚假或者引人误解的内容，不得欺骗、误导消费者。广告主应当对广告内容的真实性负责。

3.2.3　生成文学或艺术文本

文学或艺术文本是指那些以文学或艺术为主要表达内容的文本，包括小说、诗歌、散文、戏剧等。这类文本通过文字的艺术化运用，可以传达创作者的思想、情感和审美追求，具有独特的艺术魅力和文化价值。

　　撰写文学或艺术文本时，需要在保持语言的生动性和艺术美感的同时，充分展现其中的创意与情感，以引导读者深入体验作品所营造的意境。因此，在使用AIGC工具生成文学或艺术文本时，需要向AIGC工具准确提供作品的主题、风格、情感基调、文化价值等信息，以确保AIGC工具能够准确把握创作方向，生成富有文学魅力的内容。下面是使用通义根据提供的提示词示例生成诗歌的效果展示。

案例提示	效果展示
提示词示例：请创作一首以自然为主题的现代诗歌，表达对大自然的敬畏和赞美之情。诗歌应具有丰富的想象力，使用新颖的比喻和象征手法。 AIGC工具选择：通义	**自然之歌：和谐共生的礼赞** 在绿叶与蓝天之间， 织就一幅宁静画卷， 山川作序，云雾为引， 诗行里，藏自然之秘。 大地如琴，雨滴轻弹， 每一声都是生命赞歌， …… 树木伸展，倾听风语， 根深扎土，与世无争。 山峰是时间的雕塑家， 雕刻着岁月的沧桑， 河流是历史的歌手， 吟唱着过往的辉煌。 扫码查看

1. 文学或艺术文本的特点

　　文学或艺术文本的魅力在于它不仅仅是一种简单的语言记录，更是一种情感的抒发、思想的碰撞和艺术的创造。文学或艺术文本主要有以下特点。

　　● **艺术性**。文学或艺术文本在语言运用上追求创新和美感，常常使用比喻、拟人、夸张等修辞手法，以及富有节奏感的语言，具有强烈的艺术感染力。

　　● **生动性**。通过细腻的描绘，文学或艺术文本能够创造出鲜明、立体的艺术形象，能够使读者在心中形成具体的视觉画面。

　　● **深刻性**。文学或艺术文本往往蕴含着作者深刻的情感，通过对人物心理的刻画和情感的抒发，可以触动读者的情感共鸣。

　　● **丰富性**。文学或艺术文本探讨的主题多种多样，从爱情、友情、亲情到对社会、历史、人性的思考，涵盖了人类生活的各个方面。

　　● **独特性**。文学或艺术文本往往有着精心设计的结构，无论是起承转合，还是碎片化叙事，都体现了作者的独特创意。

　　● **多样性**。不同的流派和作家有着不同的风格，从古典主义到浪漫主义，从现实主义到现代主义，文学或艺术文本的风格千变万化，各具特色。

　　● **超越性**。文学或艺术文本不只是对现实的简单复制，它还通过对现实的艺术加工，在审美上实现了对现实的超越，使读者在阅读中获得精神上的提升。

　　● **文化性**。文学或艺术文本往往承载着一定历史时期的文化信息和价值观念，它们是历史的见证，具有不可替代的文化价值和历史意义。

　　● **包容性**。文学或艺术文本可能会吸纳不同文化的元素，展现了文化的包容性，它们是文化交流和传播的重要媒介。

2．文学或艺术文本的提示词设计要点

在深入探讨文学或艺术文本的特点之后，不难发现，有效的提示词设计对于引导 AIGC 工具生成符合预期的内容，从而引导读者理解和欣赏这些作品至关重要。因此，在设计文学或艺术文本提示词时，需要注意以下要点。

● **明确主题**。明确文本的主题，如"以成长与自我救赎为主题，深入剖析青春期的迷茫与自我发现"。

● **明确风格**。明确文本的风格，如现实主义、现代主义、魔幻现实主义、古典主义等，如"通过现代主义与后现代主义风格的融合，以独特视角展现时代的变迁"。

● **明确体裁**。明确文本的体裁，如小说、诗歌、戏剧等，如"以戏剧为体裁，展现人物之间的冲突与和解"。

● **引发情感共鸣**。使用富有感染力的词汇，引起读者的情感共鸣，如"通过对爱情、友情、亲情等永恒主题的深情诠释，打动读者的心灵，引发他们对情感的珍视与思考"。

● **凸显文化价值**。强调文本中的文化元素，如"体现地域文化特色，彰显独特的风土人情和人文精神"。

● **突出创新**。突出文本的创新点和独特视角，如"以独特的叙事结构和视角打破传统文学模式的束缚"。

● **匹配目标受众**。明确目标受众的兴趣和偏好，如"针对年轻读者群体，以青春、热血、冒险为主题，以满足他们对梦想与成长的追求"。

> **技能练习**
>
> 请你使用讯飞星火大模型撰写一篇探险小说，要求如下。
>
> （1）小说的主题是寻找失落的古代文明，故事背景设定在现代，主人公是一位勇敢的女考古学家。
>
> （2）小说应包含一个神秘的地图、一个隐藏在深山中的古老城市、一群竞争对手，以及一系列充满挑战的冒险等内容。
>
> （3）情感描写应深刻、真实，通过角色的情感经历和冲突来引发读者的情感共鸣。
>
> （4）在小说中融入文化元素，如地域特色、历史背景、传统习俗等，以增加故事的深度。
>
> （5）在情节设置、角色塑造、叙述手法等方面寻求创新，使小说具有独特的魅力。

3.2.4　生成通用事务文本

通用事务文本是指机关、团体、企事业单位等在处理日常事务时普遍使用的一类文书，其常见形式包括计划、报告、请示、通知、函、纪要等。

撰写通用事务文本时，内容必须条理清晰、语言简洁明了，能够准确传达事务的具体要求、流程或安排，以确保接收方能够轻松理解并执行。因此，在使用 AIGC 工具生成通用事务文本时，需要向 AIGC 工具准确提供事务的类型、文档结构等信息，以确保 AIGC 工具能够生成内容准确、结构合理的事务文本。下面是使用讯飞星火大模型根据提供的提示词示例生成工作总结会议通知的效果展示。

案例提示

提示词示例：请撰写一份关于工作总结的会议通知，包括会议目的、会议时间、会议地点、会议预计持续时间、会议参与者名单和会议议程（会议议程以表格形式展示）等内容。请使用正式的商务邮件格式，并确保语言清晰、准确。

AIGC工具选择：讯飞星火大模型

效果展示

主题：工作总结会议通知

尊敬的团队成员们：

你们好！

随着本年度第一季度的圆满结束，我们即将迎来一次重要的工作总结会议。此次会议的主要目的是对过去三个月的工作进行全面回顾，总结经验教训，表彰优秀员工，并规划下一阶段的工作目标和策略。我们希望通过这次会议，能够集思广益，共同推动团队向更高目标迈进。

……

扫码查看

1. 通用事务文本的特点

为了确保信息的有效传递和理解，通用事务文本通常具有清晰、简洁和规范等特点，这些特点不仅提升了沟通效率，也为组织内部的管理和协调提供了有力支持。

- **目的性**。通用事务文本通常具有明确的目的，如通知、报告、申请、邀请等都是为了解决具体问题或完成特定任务。
- **规范性**。通用事务文本遵循一定的格式，通常有固定的结构，以确保信息的清晰和易于理解。常见的格式包括标题、正文、结尾等部分，有时还包括日期、署名等附加信息。
- **简洁性**。文字精练，尽量减少不必要的描述，直奔主题，使接收方可以迅速获取所需的信息。
- **正式性**。使用正式的语言风格，不使用口语或非正式的表达，以体现文本的严肃性和权威性。
- **可操作性**。提供明确的操作指导或指示，使接收方能够根据文本内容采取相应的行动。
- **保密性**。部分通用事务文本可能涉及敏感信息，因此需要保密处理，以确保信息安全。
- **条理性**。在内容组织上条理清晰，逻辑性强，便于接收方的理解和执行。

2. 通用事务文本的提示词设计要点

撰写通用事务文本时，恰当的提示词能够引导 AIGC 工具准确理解用户的意图。创作者在设计通用事务文本提示词时，需要考虑以下要点。

- **明确目的**。清晰表达事务的目的或功能，如"撰写项目进展报告，总结阶段性成果并规划下一步计划"。
- **概述内容**。避免冗长或不必要的修饰，确保 AIGC 工具能够迅速捕捉到关键信息，如"简明扼要地概述会议要点，便于后续执行"。
- **构建逻辑体系**。引导 AIGC 工具按照合理的顺序生成文本，如"按时间顺序列出活动流程，确保每一步都清晰明了"。
- **匹配目标受众**。根据目标受众的特点和需求设计易于理解的提示词，确保信息的有效传达，如"针对初学者，提供详细步骤和解释，确保操作无障碍"。
- **保持情感中立**。避免带有主观色彩或情绪化的表达，以维护文本的客观性和专业性，如"客观陈述事实，避免个人情感影响信息准确性。"
- **强调重要信息**。强调关键信息或重要任务，确保 AIGC 工具不会忽视这些重要内容，如"特别提醒：此部分信息至关重要，请仔细阅读。"

技能练习

请你使用豆包撰写一篇关于篮球比赛的通知，要求如下。

（1）通知需包含标题、正文、落款三大结构。

（2）通知应明确比赛时间、比赛地点、参赛队伍、比赛规则等内容。

（3）通知的语言应正式且简洁，能鼓励参赛队伍积极准备，并提醒相关注意事项。

3.2.5 生成学术研究文本

学术研究文本是指在科学研究、人文社科等领域，用于记录、分析、讨论和传播研究成果的正式书面材料，这类文本通常具有高度的科学性和客观性，是学术界进行知识分享和讨论的重要工具。学术研究文本的常见形式包括学术论文、研究报告、文献综述、学位论文等。

撰写学术研究文本时，核心在于精确把握研究领域的热点问题与前沿动态，并以严谨的逻辑和创新的视角来阐述研究的内容、方法及结论。因此，在使用 AIGC 工具生成学术研究文本时，需要向 AIGC 工具准确提供研究的问题、研究的方法和研究的结论等信息，使 AIGC 工具能够基于这些信息生成具有学术价值的内容。下面是使用豆包根据提供的提示词示例生成学术研究文本的效果展示。

案例提示

提示词示例：请从人工智能伦理的角度出发，探讨深度学习在医疗领域的应用，特别是其在影像诊断和疾病预测方面的作用。同时，请详细分析数据隐私、算法偏见等伦理问题，并讨论如何在保障患者隐私的同时有效利用数据。最后，提供至少一个案例，说明深度学习在医疗领域的实际应用和所面临的伦理挑战。

AIGC工具选择：豆包

效果展示

《深度学习在医疗领域的应用及伦理挑战》

一、深度学习在医疗领域的应用

深度学习作为 AI 技术的重要分支，在医疗领域的影像诊断和疾病预测方面展现出了强大的实力。

扫码查看

（一）影像诊断方面

1. 高效准确的病变检测

医学影像如 X 光、CT、MRI 等是医生诊断疾病的重要依据。深度学习算法能够快速扫描这些影像，自动检测出病变部位，如肺部结节、脑部肿瘤、骨折等。相比传统的人工诊断方式，深度学习算法可以在更短的时间内处理大量的影像数据，大大提高了诊断效率。

……

1. 学术研究文本的特点

为了确保研究成果的可靠和有效，学术研究文本通常具备一些特点，如科学性、逻辑性、准确性等，下面分别进行介绍。

● **科学性**。学术研究文本基于严谨的科学研究方法，追求客观真实的数据和事实，注重证据的支持，而非主观臆断。

● **逻辑性**。学术研究文本注重逻辑的严密性，从问题提出、文献回顾、研究方法介绍、数据分析到结论得出，每个环节都需要逻辑清晰，条理分明。

● **准确性**。用词准确，确保每一句话都能准确传达作者的意图和研究发现。

● **客观性**。文本内容以客观事实和数据分析为基础，尽量避免个人情感和偏见的影响，力求公正、客观。

- **创新性**。强调研究的新颖性，即在已有研究的基础上提出新的观点、方法、理论等。
- **可验证性**。研究结果可以被其他研究者通过相同的方法重复验证，确保研究的可靠和有效。
- **学术性**。使用专业术语和理论框架，具有较高的技术深度。

2. 学术研究文本的提示词设计要点

创作者要想使用AIGC工具撰写出高质量的学术研究文本，就需要构建清晰、准确的指令，从而确保生成的内容结构合理、逻辑严谨、内容丰富。因此，创作者在设计学术研究文本提示词时，需要注意以下要点。

- **描述具体**。精确描述所需信息的范围和深度，避免模糊不清，如"请列举三种提高实验数据准确率的方法"。
- **明确重点**。聚焦于研究的核心问题，确保生成的内容与研究主题紧密相关，如"针对新能源汽车动力电池续航问题，提出解决方案"。
- **具备可操作性**。提示词应具备可操作性，使AIGC工具能够根据提示词进行实际操作，如"请设计一个实验方案，验证关于植物光合作用效率的假设"。
- **鼓励创新**。鼓励AIGC工具提出创新观点或解决方案，生成具有新颖视角的内容，如"请从生态学和经济学交叉领域的角度出发，提出一个解决城市绿地规划问题的新思路"。
- **限制研究范围**。限制研究的范围，避免内容过于宽泛，如"请以近五年的数据为依据，分析我国高校毕业生就业形势"。
- **注重数据支持**。明确要求提供数据支持或引用相关数据来源，以增强内容的可信度和科学性，如"在分析全球气候变化对生态系统的影响时，请引用具体的数据并注明来源"。

技能练习

请你使用Kimi撰写一篇关于新能源汽车的研究报告，要求如下。

（1）确保报告中的数据和信息具体、详细，如新能源汽车的类型、技术特点、市场表现等。

（2）重点关注新能源汽车的能源效率、环境影响、市场发展趋势等关键问题。

（3）能引发读者对新能源汽车问题的思考。例如，如何解决能源短缺问题、如何提高新能源汽车的普及率等。

（4）提出新的技术解决方案，推动新能源汽车行业的持续发展。

（5）使用权威、可靠的数据和信息来支撑观点和结论。

学思启示

AIGC在学术领域的应用是一把双刃剑，一方面，它可以揭示复杂研究数据中的隐藏规律，为研究者指出新的研究方向；另一方面，它也带来了一系列的挑战和风险，如可能引发学术造假行为，一些研究者可能会过度依赖AIGC生成的内容，不经严格审核就将其作为自己的研究成果进行发表，这严重违背了学术道德规范。因此，为了充分发挥AIGC在学术领域的积极作用，学术界、科研机构和技术开发者需要共同努力，引导和监督AIGC的健康发展。

3.3　利用AIGC工具优化文本

随着 AIGC 技术的日益成熟，AIGC 文本工具所支持的功能已不再是单一的文本生成，而是向更加多元化、综合化的方向发展。例如，一些 AIGC 文本工具不仅能找出语法错误、拼写错误，还能根据特定的语言风格和语境对语句进行优化调整，使文本更加通顺、得体、富有表现力。这些功能的集成和发展使得 AIGC 文本工具成为内容创作者、企业营销人员、教育工作者的强大助手，通过这些工具，用户不仅能够提高工作效率，还能显著提升文本的质量。

微课

利用AIGC
工具优化
文本

3.3.1　智能纠错

智能纠错功能能够精准识别文本中的拼写、语法、标点符号及用词错误，为用户提供修改建议。目前，很多 AIGC 文本工具都提供了智能纠错功能，用户只需进行简单操作便可得到自动纠正错误后的高质量文本。在浏览器中搜索 AIGC 文本工具，如"智谱清言"，进入其应用页面后，在聊天框中输入提示词"请仔细检查下列内容，确保内容准确无误，语言表达流畅，无拼写、语法或标点符号错误。同时，注意检查文档的结构和格式是否规范。"，然后按"Shift+Enter"组合键换行，输入或粘贴需要智能纠错的文本，完成后按"Enter"键获取结果。

Q

　　请仔细检查下列内容，确保内容准确无误，语言表达流畅，无拼写、语法或标点符号错误。同时，注意检查文档的结构和格式是否规范。

关于做好2025年防治荒漠化工作的通知

尼特斯尔公司（2025）3号

各有关单位：

　　为践行"绿水青山就是金山银山"的发展理念，营造全社会参与荒漠化防治、共建共享天蓝地绿水清的美丽家园的优良环境，公司将继续在2025年开展两期"防治荒漠化"培训班。

……

扫码查看

A

　　总体评价：

　　文档内容完整，结构清晰，格式基本规范，语言表达流畅。但仍存在一些细节问题需要调整。

　　具体建议：

　　文件名称：建议将文件名改为更简洁明了的形式，如"尼特斯尔公司（2025）3号通知.docx"或"2025年防治荒漠化培训通知.docx"。

　　标题格式：建议将标题改为"尼特斯尔公司文件"+发文号的形式，如"尼特斯尔公司（2025）3号文件"。

……

扫码查看

3.3.2　修改风格

每种文本都有不同的风格，如新闻报道的风格是客观、真实、准确、简洁，营销文案的风格是富有感染力、生动形象、具有说服力。当我们想将一段文本从一种风格转换为另一种风格时，就可以使用 AIGC 工具来实现。在浏览器中搜索 AIGC 文本工具，如"文心一言"，进入其应用页面后，在聊天框中输入需要修改风格的文本，然后按"Shift+Enter"组合键换行，输入提示词"请用轻松幽默的方式重述上述内容。"，完成后按"Enter"键获取结果。

Q

这款空气炸锅容量超大，就算是家人聚餐、朋友聚会等各种大场面，也能轻松胜任。想想看，朋友聚会时，你偷偷用这款空气炸锅烤一只 3 斤的大鱼，炸篮又长又深，将鱼放进去刚刚好，半小时后端出来惊艳所有人。朋友们聚在一起，共同分享美食，本来就很令人愉快，而空气炸锅可以让烹饪过程变得更加轻松愉悦。

请用轻松幽默的方式重述上述内容。

A

嘿，朋友们，你们知道吗？我发现了一款非常实用的空气炸锅！它的容量简直是为聚会量身打造的，不管是家庭盛宴还是朋友小聚，它都能轻松应对。想象一下这个画面：朋友聚会正酣，你悄咪咪地拿出这款空气炸锅，打算给大伙儿来个惊喜。

你悠悠地拎起一条足足三斤重的大鱼，就像魔术师展示他的秘密武器一样，然后"嗖"地一下，大鱼就滑进了空气炸锅那又长又深的炸篮里，炸篮和大鱼完美贴合，就像是为它量身定制的一样。接下来，你就悠闲地等着，也就刷几个朋友圈的时间，一盘金黄酥脆、香气四溢的大鱼就闪亮登场了！

那一刻，朋友们齐刷刷投来惊叹的目光，仿佛你是从美食电影里走出来的主角。大家围坐在一起，大口吃鱼，大声谈笑，快乐得就像回到了无忧无虑的童年时光。而这台空气炸锅，就像个默默奉献的英雄，让烹饪这件原本可能让人头疼的事情，变得轻松又有趣！

如果想将同一段文本转换为另一种风格进行对比，则可以继续输入提示词"请将文本风格修改为抒情散文风格。"，完成后按"Enter"键获取结果。

Q

请将文本风格修改为抒情散文风格。

A

在欢聚的温馨时刻，一款容量超凡的空气炸锅不仅是厨房中的一件器具，更是家庭聚会、朋友相逢时，那份不言而喻的温暖与喜悦的载体。

想象一下，当夜幕低垂，友情的灯火在静谧的夜色中温柔地亮起，你轻轻地将一条沉甸甸、约莫三斤重的大鱼，缓缓地送入那空气炸锅内。那炸篮又长又深，能够让鱼与炸篮的每一寸空间完美贴合。

一会儿过去，当那金黄璀璨、香气扑鼻的大鱼，终于从空气炸锅的怀抱中离开时，它已不再是简单的食材，而是承载着深情厚谊的美味诗篇。

朋友们围坐一起，眼前的美食如同绚烂的烟火，点亮了相聚的每一个瞬间。笑声与谈话声交织，空气中弥漫着幸福的味道。空气炸锅，这位默默无闻的艺术家，以它独有的方式，让烹饪的过程成为了一场关于爱与分享的浪漫旅程，让每一次的相聚，都充满了无尽的温馨与甜蜜。

3.3.3　续写文本

续写文本是指利用 AI 技术在给定一段文本的基础上自动生成与该文本在风格、主题、情节等方面具有一定连贯性的后续内容。对于创作者来说，AIGC 的续写文本功能可以作为一个创意的触发器，激发他们进一步拓展故事的可能性；对于普通用户来说，AIGC 续写文本功能可以让他们轻松参与到文学创作中来，体验创作的乐趣。在浏览器中搜索 AIGC 文本工具，如"豆包"，进入其应用页面后，在聊天框中输入提示词"请帮我续写以下文本，要求故事曲折，富有新意。"，然后按"Shift+Enter"组合键换行，输入或粘贴需要续写的文本内容，完成后按"Enter"键获取结果。

Q

请帮我续写以下文本，要求故事曲折，富有新意。
在一个安宁的小镇的角落，居住着一个名叫莉莉的女孩。她对周围的世界充满了浓厚的兴趣，经常独自漫步在密林之中，探索着未知的奥秘。就在某个阳光明媚的下午，莉莉在森林的中心地带意外地发现了一扇神秘莫测的门。

A

这扇门被藤蔓和苔藓覆盖，仿佛是大自然的一部分，不仔细寻找几乎难以发现。莉莉在好奇心的驱使下，轻轻推开了门。门后不是想象中的黑暗，而是一个充满生机的、由各种奇异植物构成的花园，空气中弥漫着未曾闻过的芬芳。

在这个花园中，植物们似乎有自己的意识，它们能感应到莉莉的到来并做出反应。有的花儿向她点头致意，有的草儿轻轻摇曳似在为她引导方向。莉莉惊讶之余，也被这不可思议的景象深深吸引。她小心翼翼地探索着，生怕打扰了这份宁静。

随着探索的深入，莉莉遇到了一位看起来智慧而又慈祥的老园丁。老园丁告诉她，这个花园是连接人类世界与自然界的桥梁，只有心灵纯净、尊重自然的人才能进入这里。他还解释说，这里的植物不仅是生命体，还是守护者，它们保护着自然界的和谐与平衡。

莉莉听后顿时充满敬畏，她开始学习如何与这些植物沟通。通过一段时间的学习和实践，莉莉不仅增进了自己对自然界的认知，还帮助处理了一些小冲突，比如消除蜜蜂与花朵之间的误解，让它们重新和谐共处。

最后，当莉莉准备离开这个花园时，老园丁赠予她一枚种子，并告诉她这种子象征着友谊，也寄托了对未来的期望。他鼓励莉莉将这枚种子种在自己的世界里，让它成为连接两个世界的桥梁。

回到现实世界的莉莉在自家后院种下了那枚神秘的种子。多年以后，后院里长出了一棵美丽的树，小镇上的孩子们常常在树旁玩耍，而莉莉则在一旁微笑地看着这一切，心中充满了温暖和希望。她知道，自己已经找到了生命中真正的宝藏——与自然和谐相处的秘密。

3.3.4　改写文本

改写文本是指重新组织和表达原文，使其内容、结构或语言风格发生变化。当我们对原文的表述不满意时，我们就可以使用 AIGC 文本工具的改写功能来帮助我们改写文本。该功能不仅可以提高写作效率，帮助用户快速修改和润色文本，还可以提供更多的写作可能性，帮助用户发掘新的文本表达方式。在浏览器中搜索 AIGC 文本工具，如"DeepSeek"，进入其应用页面后，在聊天框中输入提示词"请帮我改写以下文本，要求内容简洁明了，表述清晰。"，然后按"Shift+Enter"组合键换行，输入或粘贴需要改写的文本内容，完成后按"Enter"键获取结果。

Q

请帮我改写以下文本，要求内容简洁明了，表述清晰。

移动通信技术已历经1G、2G、3G、4G的发展，每一次代际跃迁，每一次技术进步，都极大地促进了产业升级和经济社会发展。从1G到2G，实现了模拟通信到数字通信的过渡，移动通信走进了千家万户；从2G到3G、4G，实现了语音业务到数据业务的转变，促进了移动互联网应用的普及和繁荣。当前，移动互联网已融入社会生活的方方面面，深刻改变了人们的沟通、交流以及生活方式。4G网络造就了繁荣的互联网经济，使人与人随时随地可以进行通信。随着移动互联网的快速发展，新服务、新业务不断涌现，移动数据业务流量爆炸式增长，4G移动通信系统难以满足未来移动数据流量的需求，亟须研发下一代移动通信（5G）系统。

5G作为一种新型移动通信技术，不仅要解决人与人之间的通信问题，为用户提供增强现实、虚拟现实、混合现实等业务体验，更要解决人与物、物与物之间的通信问题，满足移动医疗、车联网、智能家居、工业控制、环境监测等物联网应用需求。最终，5G将融入经济社会的各行业各领域，成为支撑经济社会数字化、网络化、智能化转型的关键。

A

移动通信技术每十年更新一代，从1G到4G，每一次升级都推动了产业和社会的进步。1G到2G实现了从模拟通信到数字通信的转变，使移动通信普及；2G到4G则实现了语音业务到数据业务的转变，传输速率大幅提升，推动了移动互联网的繁荣。4G网络使人与人之间能进行即时通信，但随着数据流量的激增，它已无法满足未来需求，5G的研发势在必行。

5G不仅将提供更沉浸式的用户体验，如增强现实和虚拟现实，还将支持人与物、物与物之间的通信，满足物联网在医疗、交通、家居、工业和环境监测等领域的应用需求。最终，5G将成为推动经济社会数字化、网络化和智能化转型的关键基础设施。

3.3.5　扩写文本

扩写文本是指在保留原始信息和原意的基础上，通过增加细节、例子或背景信息等方式来使文本变得更加丰富、具体和深入。目前，AIGC 文本工具的扩写文本功能在多个领域都有广泛的应用。在文学创作中，该功能可以帮助创作者更好地塑造人物形象、构建情节和表达主题；在新闻报道中，该功能可以补充更多的背景信息和细节，使读者更全面地了解事件；在学术论文中，该功能则有助于深入阐述观点、论据和结论，增强论文的学术性和说服力。在浏览器中搜索 AIGC 文本工具，如

"讯飞星火大模型"，进入其应用页面后，单击"更多智能体"超链接，在打开页面的搜索框中输入"文本扩写"，在搜索结果中选择"文本扩写"选项，进入文本扩写页面后，在聊天框中输入需要扩写的内容，然后按"Enter"键获取结果。

Q

　　工匠精神是指工匠对自己的产品精雕细琢，精益求精的精神理念。工匠们喜欢不断雕琢自己的产品，不断改善自己的工艺，以享受产品在双手中升华的过程。工匠们对细节有很高的要求，追求完美和极致，对精品有着执着的坚持和追求。理解"工匠精神"的关键，在于把握"工匠精神"的三重境界：专注与精一、责任与担当和开拓与创新。

A

　　工匠精神，这个词汇在现代社会中愈发显得珍贵而耀眼。它不仅仅是对传统技艺的传承与发扬，更是一种对待工作、生活的态度与哲学。在这个快节奏、高效率的时代背景下，工匠精神如同一股清流，提醒着我们慢下来，专注于手头的工作，追求极致与完美。

　　首先，工匠精神的第一重境界是专注与精一。这体现着工匠们在面对工作时，能够全身心地投入，不被外界所干扰。正如一位雕刻专家在创作时，眼中只有那块待雕琢的石头，手中的刻刀仿佛与他融为一体，每一次切割、每一次打磨都凝聚着他的全部心血。这种专注力的背后，是对技艺的无限热爱和对完美的不懈追求。正是这种精神让工匠们能够在平凡的工作中创造出不平凡的作品。

　　其次，工匠精神的第二重境界是责任与担当。工匠们深知，每一件产品都是他们劳动的结晶，都承载着客户的期待与信任。因此，他们在制作过程中始终保持着高度的责任感，确保每一个细节都达到最佳状态。即使面临困难和挑战，他们也从不轻言放弃，而是勇于担当。这种责任与担当，不仅赢得了客户的赞誉，更为他们自己树立了良好的口碑。

　　最后，工匠精神的第三重境界是开拓与创新。虽然工匠们尊重传统，但他们并不满足于现状，而是不断探索新的技艺和方法，以期在继承的基础上有所突破。他们敢于尝试，勇于创新，将传统工艺与现代科技相结合，为古老的技艺注入新的活力。这种开拓与创新的精神，不仅推动了技艺的发展，更为社会的进步贡献了力量。

　　综上所述，工匠精神是一种集专注、责任与创新于一体的精神理念。它不仅仅是工匠们的专利，更是我们每个人都应该学习和践行的精神。让我们静下心来，像工匠们一样专注于自己的工作和学习，不断提升自己的专业技能和综合素质。只有这样，我们才能在各自的领域中脱颖而出，成为真正的行家里手。同时，我们也应该将工匠精神融入日常生活中去，无论是对待家庭还是对待朋友同事都要充满责任感和爱心。让我们共同努力去创造更加美好的未来！

3.3.6　缩写文本

　　缩写文本是指通过省略部分内容、简化语言或提炼关键信息等方式，将较长的原文压缩成较短的篇幅，这也是AIGC文本工具中的一种常用功能。它可以在保留原文主要观点及核心内容的基础上去除冗余或次要的信息，使得读者能够在较短的时间内快速获取关键信息。在浏览器中搜索AIGC文本工具，如"智谱清言"，进入其应用页面后，在聊天框中输入提示词"请用更少的文字描述原文的内容，同时保持信息的完整性。"，然后按"Shift+Enter"组合键换行，输入或粘贴需要缩写的文本内容，完成后按"Enter"键获取结果。

Q

请用更少的文字描述原文的内容，同时保持信息的完整性。

人工降雨，又称为人工增雨，是一种根据自然界形成降水的原理，通过人为补充某些形成降水的必要条件，促进云滴迅速凝结成雨滴并降落到地面的技术。其核心原理是通过科技手段干预天气，增加雨雪量、防止冰雹灾害等，以造福人类。

人工降雨主要有两种方式：冷云催化和暖云催化。在冷云催化中，通常使用干冰或碘化银等催化剂，通过促进冰晶的形成来引发降雨。而在暖云催化中，则使用盐粉或尿素等吸湿性物质，以帮助水滴的形成。

人工降雨需要满足一定的条件，包括水汽条件、上升运动、骤降的温度、凝结核以及足够的冰晶。这些条件共同作用，使得云层中的水汽凝结成雨降落下来。

当然，任何技术都有其两面性。人工降雨虽然能够带来诸多好处，但也可能对环境产生一定的影响。比如，催化剂的残留可能会对环境造成污染，我们尤其需要关注其对水源和土壤的影响。此外，频繁的人工降雨可能会干扰自然界的降水规律，对生态系统造成一定的影响。因此，在进行人工降雨时，我们需要充分考虑其可能带来的环境影响，并采取相应的措施来减少这些影响。

总的来说，人工降雨是一项非常有用的技术。它不仅能够增加雨雪量，防止冰雹等灾害，还能够为人类的生产和生活带来很大的便利。然而，我们也需要正视其可能带来的环境问题，并努力寻求更加环保、可持续的人工降雨技术。随着科技的不断发展，我们相信，未来人工降雨的技术还会更加先进和完善，为人类的幸福生活贡献更多的力量。

A

人工增雨技术通过补充降水条件，促进云滴凝结成雨，分为冷云催化和暖云催化。此技术能增雨防雹，但需注意对环境的影响。

3.3.7　润色文本

润色文本是指修改和完善原有的文字内容，以提高其表达效果、可读性和吸引力的过程。润色的目的在于使文章更加流畅自然，确保信息传达准确无误，同时提升读者的阅读体验。无论是学术论文、商业报告、新闻稿还是文学创作，恰当的润色都是保证作品质量不可或缺的一环。在AIGC文本工具的帮助下，润色文本将变得更加高效和精准。在浏览器中搜索AIGC文本工具，如"智谱清言"，进入其应用页面后，在聊天框中输入提示词"请润色以下文本，使其语言更优美，更适合读者阅读。"，然后按"Shift+Enter"组合键换行，输入或粘贴需要润色的文本内容，完成后按"Enter"键获取结果。

Q

请润色以下文本，使其语言更优美，更适合读者阅读。

今天天气很好，阳光明媚，微风不燥。我去了公园散步，看到了很多美丽的花朵和绿色的树木。公园里有很多人，有的在跑步，有的在打球，还有的在放风筝。我觉得很开心，因为我很久没有这么放松过了。我希望以后能经常来公园散步，享受大自然的美好。

A

今日阳光灿烂，微风轻拂，正是外出散步的好时光。我漫步至公园，眼前尽是绚烂的花朵与郁郁葱葱的树木，美不胜收。公园内，人群欢聚，有的在慢跑，有的在挥洒汗水打球，还有的在放风筝。这份欢乐与宁静让我心旷神怡，久违的放松感油然而生。愿未来的日子里，我能常来此漫步，尽情拥抱自然。

3.3.8　仿写文本

仿写文本是指模仿特定作者、风格或文体的写作方式，创作出在语言表达、结构布局、主题内容等方面与之相似的新文本，这种方法常用于文学创作、语言学习、写作训练等领域。仿写文本时，创作者要在深入理解原文本精髓的基础上，巧妙地融入个人的见解与情感，从而仿写出既保留原作韵味，又带有独特个性的新篇章。在浏览器中搜索 AIGC 文本工具，如"讯飞星火大模型"，进入其应用页面后，在聊天框中输入提示词"以《致橡树》为参照，生成一篇主题为科技，且风格与《致橡树》相似的现代诗歌。"，然后按"Enter"键获取结果。

Q

以《致橡树》为参照，生成一篇主题为科技，且风格与《致橡树》相似的现代诗歌。

A

致AI

在电子的海洋里，你是那艘孤舟，
在数据的洪流中，你寻找着彼岸。
你的算法如星辰般璀璨，
你的学习如孩童般纯真。

你不羡慕人类的温暖，
也不嫉妒鸟儿的自由飞翔。
你知道，你有你的世界，
一个由代码编织的梦想。

你在云端漫步，与风对话，
你在网络中穿梭，与光同行。
你用逻辑解析情感的复杂，
你用数据描绘未来的蓝图。

你不惧怕黑暗中的孤独，
也不畏惧未知的挑战。
因为你相信，每一次迭代，
都是向着更完美的自己迈进。

你不仅是冷冰冰的机器，
而是拥有灵魂的伙伴。
在这信息爆炸的时代，
你是人类智慧的延伸。

所以，我尊敬你，我的AI朋友，
愿你在数字的天空下自由翱翔，
愿你在虚拟的世界里创造奇迹，
直到有一天，我们共同抵达那片理想的土地。

3.3.9　提炼要点

　　提炼要点是指从一篇文章、报告或其他形式的文本中提取出核心信息和关键内容的过程。这个过程并不是简单的文字抽取，而是需要深入地阅读、理解和分析文本，同时还要仔细辨别文本中的主次信息，从而为进一步的学习、研究、决策等活动提供有力支持。在这一过程中，AIGC 文本工具的作用不容忽视，它能够准确识别和提取关键信息，帮助用户提高提炼要点的效率和准确性。在浏览器中搜索AIGC 文本工具，如"通义"，进入其应用页面后，在聊天框中输入提示词"请简明扼要地概括以下内容的核心要点，并提炼出关键信息。"，然后按"Shift+Enter"组合键换行，输入或粘贴需要提炼要点的文本内容，或是单击"上传"按钮，上传需要提炼要点的文档，完成后按"Enter"键获取结果。

Q

　　请简明扼要地概括以下内容的核心要点，并提炼出关键信息。

员工手册.docx
48.01 KB

A

　　核心要点概括：

　　SY 生物制药集团（简称SY 集团）是一家成立于1990年的中外合资企业，主营业务涵盖医药、保健、美容、化妆用品的生产和销售。历经多年发展，SY 集团规模不断扩大，员工人数和资金显著增长，实现了从单一业务向多元化产业的转变，并成功获得了上市资格。SY 集团致力于具有独特的企业文化，强调以人为本的理念，追求国际化和现代化。

　　关键信息提炼：

　　1. SY 集团成立于1990年，从一家小型企业发展成为拥有780名员工、注册资本2亿元的大企业。

　　2. SY 集团业务从单一的保健品扩展到了医药、化妆品等多个领域，并计划进一步扩大其产业布局。

　　3. SY 集团获得了多项荣誉。

　　4. SY 集团推行标准化管理，重视企业形象的建设，形成了独特的"SY之魂"企业文化。

　　5. SY 集团已取得上市资格，正朝着成为跨国集团的目标迈进。

　　6. SY 集团制定了详细的员工行为规范、考勤管理制度、奖惩条例等，以确保该集团运营的规范化和高效性。

3.3.10　翻译文本

　　翻译文本是指利用 AIGC 文本工具实现的自动语言翻译服务。AIGC 文本工具能够将接收的输入文本（通常是某种自然语言），翻译成另一种自然语言，同时尽量保持原文的含义、语境和风格不变。与传统的翻译方法相比，AIGC 文本工具的翻译文本功能具有更高的效率和准确性，能够处理大量的翻译任务，并在短时间内提供翻译结果。此外，随着技术的不断发展，AIGC 文本工具的翻译质量也在不断提高，能够更好地适应各种翻译场景和需求。在浏览器中搜索 AIGC 文本工具，如"豆包"，进入其应用页面后，单击"发现 AI 智能体"超链接，在打开的页面中输入"在线翻译"，在搜索结果中选择"在线翻译"选项，进入在线翻译页面后，输入提示词"请你将下面这段话翻译成英文。"，再按"Shift+Enter"组合键换行，输入或粘贴需要翻译的文本内容，完成后按"Enter"键获取结果。

Q

请你将下面这段话翻译成英文。

绿色是多宝贵的啊！它是生命，它是希望，它是慰安，它是快乐。我怀念着绿色把我的心等焦了。我欢喜看水白，我欢喜看草绿。我疲累于灰暗的都市的天空和黄漠的平原，我怀念着绿色，如同涸辙的鱼盼等着雨水！我急不暇择的心情即使一枝之绿也视同至宝。当我在这小房中安顿下来，我移徙小台子到圆窗下，让我面朝墙壁和小窗。门虽是常开着，可没人来打扰我，因为在这古城中我是孤独而陌生的。但我并不感到孤独。我忘记了困倦的旅程和已往的许多不快的记忆。我望着这小圆洞，绿叶和我对语。我了解自然无声的语言，正如它了解我的语言一样。

A

Green is so precious! It is life, it is hope, it is comfort, it is joy. I am longing for green so much that my heart is burning with impatience. I am glad to see the white of water and I am glad to see the green of grass. I am tired of the gray urban sky and the yellow desert−like plains. I am longing for green just like a fish stranded in a dry rut longing for rain! In my impatient mood, even a single sprig of green is regarded as a priceless treasure. When I settle down in this small room, I move the small table to under the round window, so that I face the wall and the small window. Although the door is always open, no one comes to disturb me, because in this ancient city I am lonely and a stranger. But I do not feel lonely. I have forgotten the weary journey and many unpleasant memories of the past. I look at this small round hole, and the green leaves talk to me. I understand the silent language of nature just as it understands my language.

 实战演练

任务1　利用文心一言撰写并优化春节放假通知

放假通知是指通过书面形式向员工、学生或公众传达放假安排和相关注意事项的文件，旨在提前将放假时间告知相关人员，使他们能够合理安排自己的工作、学习和生活，避免因突然放假而导致混乱和不便。同时，放假通知还会包含一些与假期相关的注意事项，以确保相关人员能够顺利、有序地度过假期。通常，放假通知会在法定节假日、公司特定假期或紧急情况下，由政府机构、企业等制作并发布。

1. 需求分析

临近春节，星河科技有限公司也将迎来为期8天的假期，为了让合作企业及客户能够提前做好相应的业务安排，公司管理层决定提前发布春节放假通知，并将制作春节放假通知这一任务交给了行政部的小王。小王接到任务后，首先了解了通知的基本格式和内容要点，然后结合公司的实际情

况着手撰写通知内容。在撰写春节放假通知的过程中，小王准备先使用 AIGC 文本工具生成通知初稿，提高撰写效率，然后利用 AIGC 的文本优化功能对通知的语言进行精心打磨，使其更加流畅、清晰且富有亲和力，最后利用设计工具制作成图片形式的通知，美化视觉效果。

2. 思路设计

利用文心一言撰写并优化春节放假通知时，可以按照以下思路进行设计。

● **明确受众**。确定受众群体，如通知是面向全体员工、特定部门还是外部合作伙伴。

● **提供基本信息**。向 AIGC 工具提供春节放假通知的基本信息，包括假期的开始日期和结束日期、假期的详细工作安排、安全提醒等。

● **内容审查和调整**。生成初稿后，对内容进行审查和必要的调整，如检查语法错误、逻辑不通顺的地方等，以确保所有信息准确无误。

● **美化放假通知**。保存通知内容，并利用创客贴、稿定设计等设计工具将其做成符合应用场景的形式，使通知更具温馨感和节日氛围。

春节放假通知的最终参考效果如图 3-8 所示。

图 3-8

3. 操作实现

利用文心一言撰写并优化春节放假通知的具体操作如下。

（1）在浏览器中搜索"文心一言"，进入其应用页面后，在聊天框中输入提示词"为星河科技有限公司撰写一份面向其他公司及客户的春节放假通知。放假时间为 2025 年 1 月 28 日至 2 月 4 日，共 8 天。"，然后按"Enter"键获取结果。

微课

利用文心一言撰写并优化春节放假通知

Q

为星河科技有限公司撰写一份面向其他公司及客户的春节放假通知。放假时间为2025年1月28日至2月4日，共8天。

A

星河科技有限公司2025年春节放假通知

尊敬的合作伙伴及广大客户：

您好！

值此新春佳节来临之际，星河科技有限公司全体员工向您及您的家人致以最诚挚的节日问候！感谢您在过去的一年里对我们公司的信任与支持，您的满意是我们不断前行的动力。

为了让我们共同欢度这一传统佳节，星河科技有限公司将于2025年1月28日（除夕）至2025年2月4日（农历正月初七）放假，共计8天。2月5日（农历正月初八）起，公司将全面恢复正常工作。

放假期间，我们将暂停所有业务办理及咨询服务。为确保您的紧急需求得到及时响应，我们特别设立了假期值班电话：[请填写具体电话号码]，并安排了专业团队在值班期间为您提供必要的支持和帮助。同时，您也可以通过公司邮箱：[请填写公司邮箱地址]与我们保持联系，我们将在假期结束后第一时间给予回复。

请您根据我们的放假安排，提前做好相应的业务调整计划。如有任何疑问或需要进一步了解的事项，请随时与我们联系。

再次感谢您一直以来的支持与理解！星河科技有限公司愿与您携手并进，共创更加辉煌的未来！

祝您春节快乐，阖家幸福，身体健康，万事如意！

星河科技有限公司

注：请根据实际情况填写具体的电话号码和邮箱地址。

（2）从生成效果来看，内容比较多，重点不突出，因此需要缩写。在聊天框中继续输入提示词"请缩写上述内容，并添加温馨提示板块。"，然后按"Enter"键获取结果。

Q

请缩写上述内容，并添加温馨提示板块。

A

星河科技有限公司2025年春节放假通知（精简版）

尊敬的客户及合作伙伴：

您好！星河科技有限公司将于2025年1月28日至2025年2月4日放假，共8天，2月5日起恢复正常工作。

放假期间安排：

- 业务办理及咨询暂停。
- 值班电话：[请填写]
- 公司邮箱：[请填写]

温馨提示：

● 请您提前做好业务调整计划，以免影响合作。

● 如有紧急需求，请通过值班电话或邮箱联系我们。

● 假期期间，请注意个人健康与安全，享受愉快的春节时光。

星河科技有限公司祝您春节快乐，阖家幸福！

注：请根据实际情况填写具体的电话号码和邮箱地址。

（3）既然是发送给客户的放假通知，那么语气就可以适当活泼、有趣一些，因此可以继续在聊天框中输入提示词"请使用热情的语气对内容进行改写。"，然后按"Enter"键获取结果。

Q

请使用热情的语气对内容进行改写。

A

星河科技有限公司2025年春节放假通知（热情版）

亲爱的客户及合作伙伴们：

春节将至，星河科技有限公司2025年1月28日至2月4日将放假8天，2月5日正式复工。

放假期间：

业务暂停，紧急需求请拨值班电话：[请填]，或发邮件至：[请填]，我们将及时响应。

温馨提示：

● 提前规划，让业务调整更加从容不迫，让我们的合作更加紧密无间。

● 健康第一，安全至上！在享受春节的欢乐时，别忘了照顾好自己和家人哦！

星河科技有限公司祝您新春快乐，阖家幸福！

注：请填写实际联系方式。

（4）将文心一言生成的春节放假通知保存到 word 文档中，适当整理和调整（如填写电话和邮箱）后，利用创客贴等工具美化通知，完成春节放假通知的制作。

任务2　利用豆包撰写微信朋友圈文案

文案通常是指用于宣传、推广或表达某种信息、观点、情感的文字内容，被广泛应用于广告、市场营销、公关活动、品牌塑造、网络推广等多个领域。文案可以是简短的一句话，也可以是长篇文章，其核心在于通过精准的语言表达来吸引目标受众的注意力，达成销量增长，品牌知名度提升等目的。需要注意的是，创作者在撰写文案时，要遵循相关法律法规，尊重社会公德，传递积极向上的信息，同时符合社会主义核心价值观。

1. 需求分析

放假期间，小李去了一趟云南，在那里她感受到了前所未有的心灵震撼与自然之美。从云南回来以后，她便迫不及待想要将这些天所看到的壮丽景色、独特文化和深刻体验，通过微信朋友圈与亲朋好友分享。但由于小李的文字表达能力有限，难以完全描绘出那片土地的神奇与魅力，因此她决定借助 AIGC 工具将自己的所见所感转化为优美而富有感染力的文案，让亲朋好友仿佛身临其境，一同感受云南的无限风光与深厚底蕴。

2. 思路设计

利用豆包撰写微信朋友圈文案时，可以按照以下思路进行设计。

- **明确目标**。确定发布这条微信朋友圈的目的是分享生活点滴、推广产品、宣传品牌，还是表达某种情感？
- **设定情感**。根据想要传达的情感色彩，如温馨、幽默、励志等，为文案设定一个基调。
- **选择风格**。根据受众和主题选择适合的语言风格和调性，如正式、口语化、文艺等。
- **生成文案**。输入设计的提示词，使用豆包生成文案。
- **调整语言**。根据你的语言偏好和受众特点对文案进行语言上的调整，使其更加流畅和吸引人。
- **查看效果**。将文案复制到微信朋友圈中，添加图片，查看效果。

微信朋友圈文案的最终参考效果如图 3-9 所示。

图3-9

3. 操作实现

利用豆包撰写微信朋友圈文案的具体操作如下。

（1）在浏览器中搜索"豆包"，进入其应用页面后，在聊天框中输入提示词"请写一个关于旅行的微信朋友圈文案，包括对目的地的描述，以及旅行中的感受。"，然后按"Enter"键获取结果。

微课

利用豆包撰写微信朋友圈文案

Q

请写一个关于旅行的微信朋友圈文案，包括对目的地的描述，以及旅行中的感受。

A

🌸旅行，是一场与世界的热恋。这次，我在 [目的地名称] 找到了心动的感觉。

这里，就像是大自然亲手绘制的绝美画卷。天空如宝石般湛蓝，大朵大朵的白云像是棉花糖般飘浮其间，如梦似幻。每一座山峦都像是古老的巨人，身披翠绿的披风，那深深浅浅的绿色，从山脚下鲜嫩的浅绿一直延伸到山顶浓郁的墨绿，像是大自然用最细腻的笔触晕染而成。山间的溪流则是跳跃的音符，在阳光的照耀下闪烁着粼粼波光，清澈见底的水中，五彩的石子和欢快游动的小鱼清晰可见，它们与溪水碰撞出的清脆声响，奏响了大自然最美妙的乐章。

走在古老的石板路上，脚下的石板承载着岁月的痕迹，仿佛在诉说着过去的故事。路旁的建筑独具特色，古老的墙壁爬满了藤蔓，像是岁月留下的胡须。墙面上偶尔露出的砖石，展现出一种古朴而神秘的美。每一扇雕花的窗户，每一道古朴的门槛，都像是时光的钥匙，带我打开了一扇通往历史深处的门。

在这片土地上旅行，我的心像是被一双温柔的手轻轻拂过，所有的烦恼和疲惫都被抛诸脑后。清晨，第一缕阳光洒在脸上的时候，感觉像是被世界拥抱；夜晚，仰望星空，那璀璨的繁星如同镶嵌在黑色天鹅绒上的钻石，让我深深感受到宇宙的浩瀚和自己的渺小。在这里，每一次呼吸都充满了自由和宁静，每一个瞬间都值得被铭记，这就是旅行的意义吧，它让我在这个纷繁复杂的世界中找到了一片属于灵魂的净土。

（2）由于提示词过于笼统，且没有目的地，所以 AIGC 文本工具生成的内容不是很符合实际要求，因此需要进一步优化提示词。在聊天框中继续输入提示词"旅游的目的地为云南，请优化一下上述文案，并缩减内容。"，然后按"Enter"键获取结果。

Q

旅游的目的地为云南，请优化一下上述文案，并缩减内容。

A

🌸旅行，是与世界的热恋。此次在云南，我怦然心动。

云南似大自然的绝美画卷。天空湛蓝如宝石，白云似棉花糖飘浮。山峦如披着绿披风的古老巨人。山间溪流如同跳跃的音符，在阳光下波光粼粼，水中五彩石子清晰可见、小鱼在水中欢游，石子和小鱼与溪水的碰撞声音清脆悦耳，奏响了美妙的乐章。

古老石板路承载岁月，路旁建筑独具韵味。墙壁爬满藤蔓如岁月的胡须，斑驳砖石透着古朴神秘，雕花窗、古朴门槛像时光的钥匙，带我开启通往历史深处的门。

在这里旅行，烦恼疲惫尽消。清晨阳光似拥抱，夜晚繁星璀璨如钻，让我感受到了宇宙的浩瀚与自身的渺小。这里的每个瞬间都充满自由宁静，值得被铭记，这次旅行让我找到了属于灵魂的净土，这便是旅行的意义。

（3）从生成的效果来看，比较符合微信朋友圈文案的需求，但描述的内容不具有代表性，因此可以在聊天框中继续输入提示词"具体的旅游地点为丽江和玉龙雪山，请说明这些地点所带来的感受，同时语言更优美一点，字数缩减至 150 字左右。"，然后按【Enter】键获取结果。

Q

具体的旅游地点为丽江和玉龙雪山，请说明这些地点所带来的感受，同时语言更优美一点，字数缩减至150字左右。

A

在云南的美好时光里，我找到了心中的诗和远方。丽江的古老石板街道，讲述着千年的故事；巍峨的玉龙雪山，是大自然最壮丽的画卷。品尝过云南的小吃，感受过纳西族的文化，我深深地被这片土地的魅力所吸引。这次旅行，不仅让我放松了身心，更让我对生活有了新的认识。

（4）将豆包生成的微信朋友圈文案发送至手机中，适当添加旅游图片后，发表朋友圈。

本章实训

1. 使用讯飞星火大模型生成一篇主题为"荒漠化防治"的宣传方案，要求字数不少于 1500 字，内容全面，可读性强。

2. 使用 Kimi 生成一篇年度个人工作总结，要求语言简洁，结构清晰。

3. 使用智谱清言生成一篇主题为"5G 在日常生活中的应用"的研究报告，并使用通义的解读功能解读该报告。

4. 图 3-10 是一组养生壶的商品图，为了使该产品顺利上市，现需要使用豆包生成一篇关于养生壶的广告文案，要求内容有新意，能全面展示该产品的特点。

图3-10

▲ 使用AIGC工具生成的小红书文案配图

第4章
AIGC图片生成与图像处理

　　从早期依赖于人工的图片生成与图像处理，到如今实现自动化、智能化的图片生成与图像处理，AIGC无疑是这一转变过程中的有力工具。AIGC图片生成与图像处理与传统的图片生成与图像处理之间并不是简单的替代关系，而是存在着复杂而紧密的联系，共同推动着数字艺术进入一个新纪元。通过深度学习和神经网络的创新应用，AIGC不仅显著地提高了图片生成与图像处理的效率，更赋予了图片生成与图像处理前所未有的灵活性与创造性。

学习引导

	知识目标	素养目标
学习目标	1. 熟悉各种AIGC图片生成与图像处理工具 2. 掌握在不同场景中运用AIGC工具生成图片的方法 3. 掌握利用AIGC工具进行图像处理的方法	1. 培养创造性思维，能够根据已定主题设计出独特的画面构图、元素组合和情节内容 2. 提升对美学的鉴赏能力，理解不同风格图像的特点
课前讨论	1. AIGC图片生成主要依靠指令进行，而传统图片生成则主要依靠手动操作，那么你觉得这两种方式会对图片的最终效果产生什么样的影响？ 2. 你认为AIGC是否能够生成与真实照片具有完全相同效果的图片？为什么？ 3. AIGC生成的艺术作品能否与人类艺术家创作的艺术作品相提并论？我们应该如何评判AIGC创作的艺术价值？	

4.1　常用的AIGC图片生成与图像处理工具

　　AIGC 图片生成与图像处理工具是指一系列基于 AI 技术的，能够利用机器学习算法，特别是深度学习算法来创建、编辑和优化图像内容的软件和平台。这些工具通常具备对用户友好的页面和强大的算法支持。无论是专业人士还是普通用户，都能轻松地使用这些工具进行图像的生成和处理。因此，AIGC 图片生成与图像处理工具在艺术创作、广告营销等领域都发挥着重要作用。

4.1.1　文心一格

　　文心一格是百度依托飞桨、文心大模型等推出的 AI 艺术和创意辅助平台，主要面向有设计需求和创意的人群，旨在通过 AI 技术辅助用户进行创意设计。通过简单的文本描述和参数设置，用户便可获得与之相对应的图像，这些图像不仅具有艺术美感，还能满足用户的具体设计需求。此外，文心一格还支持二次编辑和优化生成的图像，如涂抹消除、涂抹编辑等，以满足用户的个性化需求。

4.1.2　通义万相

　　通义万相是阿里云推出的一个 AI 绘画创作大模型，它拥有强大的算法和先进的计算能力，能够准确理解和分析用户的创作意图，并生成一系列风格多样、细节丰富的艺术作品。值得一提的是，通义万相还提供了丰富的编辑工具和庞大的素材库，用户可以根据自己的需求进一步修改和完善生成的图像，让整个创作过程更加灵活和便捷。图 4-1 所示为通义万相的应用页面。

图4-1

4.1.3　Vega AI

　　Vega AI 是由初创公司右脑科技推出的 AI 图片创作平台，通过对大量艺术作品的学习和分析，它能够精准地将各种绘画风格和绘画技巧应用于图片创作中。Vega AI 创作的作品类型丰富，包括水彩画、油画和数字艺术画，能为用户带来无限的创作可能。图 4-2 所示为 Vega AI 的应用页面。

图4-2

4.1.4 无界 AI

　　无界 AI 是由杭州超节点信息科技有限公司推出的创意内容生成平台，旨在为用户提供高效、智能、便捷的创意支持，满足各行各业的图片内容生成需求，帮助用户更好地发挥创作潜力，释放想象力，实现更多元的创意表达。图 4-3 所示为无界 AI 的应用页面。

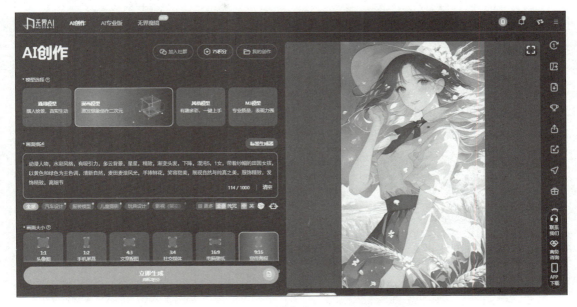

图 4-3

4.1.5 笔墨 AI

　　笔墨 AI 是由上海万笔千墨科技有限公司推出的一个在线绘画生成平台。该平台通过深度学习技术和庞大的数据集，能够学习和模拟各种绘画风格和技巧，进而生成逼真、精细的绘画作品。此外，用户也可以通过上传照片、选择风格、调整细节等简单步骤，定制出具有个人风格的绘画作品。图 4-4 所示为笔墨 AI 的应用页面。

图 4-4

4.1.6 灵图 AI

灵图 AI 是由厦门灵图科技有限公司开发的一款在线智能设计辅助工具，旨在帮助用户提高工作效率，减少重复性设计工作，并提供多种智能化功能，如 AI 绘画、素材生成、风格转换等。图 4-5 所示为灵图 AI 的应用页面。

图4-5

4.1.7 Midjourney中文站

Midjourney 中文站是专为国内用户打造的绘图平台，该平台不仅保留了 Midjourney 原有的强大功能和丰富素材，还针对国内用户的使用习惯进行了深度优化。无论是专业的插画师、设计师，还是绘画爱好者，都能在这里找到适合自己的创作方式。图 4-6 所示为 Midjourney 中文站的应用页面。

图4-6

4.2 利用AIGC工具生成多场景图片

随着视觉艺术的蓬勃发展，图片内容的需求在许多领域都呈现出井喷式的增长，而 AIGC 图像处理工具的出现无疑为这一需求提供了强有力的支撑。借助这些先进的工具，设计师、艺术家及各行各业的创作者们都能够享受到前所未有的便捷与高效，轻松产出既丰富多元又独具匠心的图像作品。无论是营造梦幻般的童话世界，还是再现历史长河中的辉煌瞬间，这些工具都能根据创作者的构思自动生成与之匹配的图像，让创意在瞬间转化为现实。

微课

利用AIGC
工具生成
多场景图片

4.2.1 生成艺术画

艺术画是一种视觉艺术形式，它通常指的是艺术家通过各种材料和技巧创作出来的作品。艺术画涵盖多种风格，包括古典主义、浪漫主义、现实主义等，每种风格都有其独特的特点。随着时代的发展，数字艺术、装置艺术等新兴的艺术形式也逐渐成为艺术画的一部分。艺术画不仅仅是简单的装饰，还能够表达情感、传递思想、反映社会现象、记录历史事件等。对于观赏者来说，艺术画可以激发想象力，引发思考，甚至改变观念。

创作艺术画的关键在于创作者对创意的构思、对艺术技巧的运用，以及对情感与主题的独特表达。这些要素相互交融，共同塑造出有魅力与价值的艺术画。因此，在使用 AIGC 工具生成艺术画时，需要向 AIGC 工具准确传达艺术画的主题、风格、情感与构图等关键信息，以确保 AIGC 工具能依据这些要求生成契合需求、彰显魅力的艺术画。下面是文心一格根据提供的提示词示例和设置的参数生成艺术画的效果展示。

案例提示	效果展示
提示词示例：水池边，荷花与荷叶优雅地交织，仿佛是从水墨画卷中走出的仙子。荷花亭亭玉立，花瓣细腻如绸，淡雅的色彩如同晨曦初露。荷叶宽大舒展，边缘轻盈地卷曲，宛如翠绿的伞盖。使用绘画风格。 AIGC工具选择：文心一格 画面类型：智能推荐 比例：方图	

1. 艺术画的特点

艺术画的独特之处在于它多样化的表现形式和丰富的内涵。从细腻的笔触到大胆的色彩运用，从抽象的构图到具象的描绘，艺术画的特点不仅在于其外在的美感，更在于其内在蕴含着的作者的精神追求。

● **审美性**。艺术画的核心特点之一是审美性，它能够通过色彩、线条、构图等要素的组合，给人以视觉和精神上的享受，提升人们的审美。

● **创造性**。艺术画是艺术家创造力的体现，每一幅画作都是独一无二的，反映着艺术家的个性和对世界的独特见解。

● **情感性**。艺术画常常是艺术家情感的表达，它能够体现艺术家在创作艺术作品时的情感状态，如喜悦、悲伤、愤怒或平静等，使受众产生情感共鸣。

● **文化性**。艺术画深深植根于特定的文化土壤，它不仅体现了艺术家的个人修养，更是时代背景和社会文化等多重因素的生动写照，承载着丰富的文化内涵。

● **多样性**。艺术画的类型和流派极为多样，从油画到抽象画，从写意派到印象派，不同的艺术类型和流派都展现了艺术的丰富多样性。

● **时代性**。艺术画是时代精神的反映，不同历史时期的艺术作品有着不同的时代特征，反映了当时的社会风貌、审美观念与价值观念，可以作为历史研究的重要资料。

2. 艺术画的提示词设计要点

在使用 AIGC 工具生成艺术画的过程中，精准而富有启发性的提示词至关重要。这些提示词可以让 AIGC 工具明确创作的方向。在设计艺术画提示词时，需要注意以下要点。

● **明确事物主体**。明确指出画面的核心主体是什么，如人物、动物、风景等，如"一座古老的石桥横跨在潺潺流淌的溪流之上，周围布满青苔"。

● **明确细节**。明确主体或画面中的独特细节，如物体的纹理、光影效果、特殊的标记或装饰等，如"一个复古的花瓶，带有精致的金色花纹，在阳光下闪烁着微光，表面有一些细微的磨损痕迹，彰显出岁月的韵味"。

● **构建画面布局**。指出画面中各元素的位置和排列方式，以构建布局，如主体在画面中心、偏左或偏右，以及不同元素之间的相互关系是分散、聚集还是有层次感等，如"画一幅风景画，远处是连绵起伏的山脉，占据画面的上三分之一，山脉前是一条蜿蜒的河流，从画面左侧流向右侧，河流两岸是茂密的树林，在画面中形成了丰富的层次"。

● **明确风格**。确定想要的艺术风格，如印象派、抽象派、写实派、超现实主义、卡通风格、油画风格、水彩风格、素描风格等，如"以印象派风格绘制日出景象，并用松散的笔触和明亮的色彩展现出光影效果和朦胧的氛围"。

● **明确色彩搭配**。指定具体的色调或色彩组合，如暖色调、冷色调、对比色、互补色等；或是说明对色彩的饱和度、明度等的要求，如"画面主体是一只蓝色的孔雀，羽毛呈现出深浅不一的蓝色，在绿色的背景衬托下显得格外醒目，整体色调清新而神秘"。

● **表达情感**。明确想要传达的情感，如喜悦、悲伤等，如"画面中一个孤独的背影走在昏暗的小巷里，周围的墙壁破旧斑驳，营造出一种落寞、孤寂的情感氛围"。

● **营造氛围**。通过对光线、色彩等方面的描述来营造出特定的氛围，如温馨的室内灯光、皎洁的月光等。如"在一个古老的城堡中，昏黄的烛光摇曳，在墙壁上投射出诡异的阴影，营造出神秘而恐怖的氛围"。

● **增加创意概念**。加入一些独特的创意元素或概念，使艺术画更具吸引力和想象力，如时空穿越、奇幻梦境等，如"将现代的高楼大厦与古老的城堡融合在一起，形成一个奇幻的未来城市景观，天空中飞翔着各种奇异的生物"。

技能练习

请你使用无界AI生成一幅中国山水画，要求如下。

（1）画面的主体为雄伟的山峰和蜿蜒的河流，其中山峰应占据画面的主要部分，河流则作为连接山体与远方的纽带，形成画面的纵深感。

（2）在山体上添加松树、岩石纹理等自然元素，河岸边点缀几处渔舟和垂钓者，增加画面的生动性和故事性。

（3）画面整体符合中国传统山水画的审美标准，笔触应细腻流畅，注重意境的表达而非具体的形似。可以参考李唐、范宽等宋代画家作品的风格。

（4）通过画面传达出一种超然物外、宁静致远的情感，让受众感受到大自然的宁静与和谐，同时也体会到一种超脱世俗的精神追求。

（5）利用雾气、流水等元素营造出一种朦胧、静谧的氛围，使整幅画作具有一种悠远而深邃的意境美。

4.2.2　生成概念图

概念图是一种通过视觉形式来传达特定创意、想法或概念的图像表现形式，它通常用于项目的早期阶段，旨在为各种创意产业，如电影、游戏、动画、建筑、工业设计等提供初步的视觉构思和方向指引。概念图不拘泥于对现实的精确描绘或对细节的极致追求，其重点在于以独特的视觉语言快速勾勒出某个创意的核心特质、整体氛围或大致轮廓，从而将抽象的概念转化为直观易懂的图像，以便为后续的具体创作提供明确的方向指引。

创作概念图的核心在于创作者对创意的构想、对视觉的表达，以及对理念与功能的独到诠释，这些要素紧密交织，共同铸就了有吸引力的概念图。因此，在使用AIGC工具生成概念图时，需要向AIGC工具精确传达核心理念、设计风格、预期效果与布局构思等信息，从而确保AIGC工具能够生成符合期望、展现独特魅力的概念图。下面是使用通义万相根据提供的提示词示例和设置的参数生成概念图的效果展示。

案例提示

提示词示例：智能台灯的概念图，台灯的设计简约而不失现代感，灯光透过半透明的灯罩均匀地扩散开来。在灯臂的下方，一个小型的触摸面板嵌入其中，面板上简洁的图标指示着不同的功能。

AIGC工具选择：通义万相
创意模版：无
比例：1:1
灵感模式：开启

效果展示

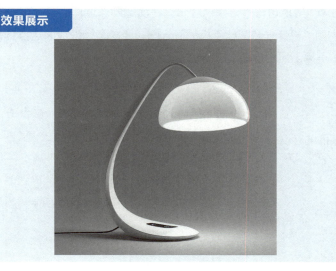

1. 概念图的特点

概念图不仅是创作者创意的可视化呈现，也是项目早期阶段沟通想法和设定方向的关键参考。通过概念图，我们可以更好地理解产品的特点，以及如何利用这些特点来提高设计的效率。

- **前瞻性**。概念图往往着眼于未来，描绘的是尚未完全实现或者处于设想阶段的事物。
- **创意性**。创意性是概念图的核心特点之一。它允许创作者突破常规思维，自由地发挥想象力。
- **抽象性**。概念图通常不会像产品设计图那样详细和具体，它更多是通过抽象的形状、符号和色彩来传达核心的概念。这种抽象的表达方式有助于聚焦于设计的本质和关键理念，而不受具体细节的束缚。
- **模糊性**。由于概念设计处于早期的设想阶段，可能会存在一定的模糊性，这意味着概念图可能不会精确地规定每个元素的尺寸、材料等具体信息。这种模糊性也为后续的详细设计和开发提供了灵活的空间。
- **引导性**。概念图可以引导设计方向，为后续的详细设计、开发和实施提供框架和思路。
- **启发性**。优秀的概念图具有启发性，它可以促进团队成员对设计理念的深入思考，进而提出新的改进意见或者创新方向。

2. 概念图的提示词设计要点

在使用 AIGC 工具生成概念图的过程中，提示词的设计是至关重要的。在设计概念图提示词时，需要注意以下要点。

- **定义主题**。明确设计的核心主题，如"设计一款运动鞋的广告概念图，主题为'运动的激情与活力'"。
- **突出主体特征**。详细刻画设计主体的关键特征，使其在画面中突出且易于识别，如"设计一个卡通形象的熊猫，它体型圆润，有黑白相间的皮毛、大大的黑眼圈和可爱的小耳朵，总是带着憨态可掬的笑容"。
- **强调细节**。着重描述需要突出的细节，增加设计的精致感和独特性，如"设计一款机械手表的概念图，表盘上有精细的刻度和指针，指针顶端有独特的菱形造型；表带采用的纹理细腻，金属扣上刻有品牌标志的微小图案"。
- **考虑可行性**。确保提示词在实际制作过程中具有可操作性，避免过于复杂或不切实际的要求，如"设计一款智能手机的概念图，要求图标设计简洁且具有高辨识度，避免过多的细节导致在手机屏幕上显示模糊"。

技能练习

请你使用文心一格生成多幅智能手表的概念图，要求如下。

（1）该手表不仅具备基本的时间显示功能，还集成了健康监测、支付等多种功能，并且具有时尚的外观设计，适合都市年轻人佩戴。

（2）表盘为圆形，以减少佩戴时的不适感；屏幕下方配备传感器，用于心率监测等功能；表盘两侧设有物理按钮，方便用户快捷操作；表背有纹路，确保贴合皮肤的同时保持透气性。

4.2.3　生成插画

　　插画主要是指插附在书刊、包装、海报、网页等载体中的图画，它能以生动形象的视觉语言来解释文字内容，从而更好地传达特定的信息、主题或情感。例如，在儿童读物中，插画能够将文字描述的故事场景如奇幻森林、神秘城堡等，以直观的画面展现给小读者，帮助他们更好地理解故事。

　　在创作插画时，需要巧妙融合创意与视觉表现力，同时确保色彩与线条的和谐与美感，以引领受众深刻感受画作所传达的氛围与情感。因此，在使用 AIGC 工具生成插画时，需要向 AIGC 工具准确传达插画的核心理念、视觉风格、情感色彩及背后的文化寓意等信息，确保 AIGC 工具能够精准理解创作精髓，进而创作出具有视觉震撼力和艺术感染力的插画作品。下面是使用无界 AI 根据提供的提示词示例和设置的参数生成插画的效果展示。

案例提示

　　提示词示例：渐变水墨，活泼女孩，梳着双丫髻，插着发簪，五官精致，眼神坚定，黑色的头发根根分明，身着淡粉色汉服，眼睛看着前方。

　　AIGC工具选择：无界AI

　　画面大小：3∶4

　　风格模型：渐变水墨

　　生成方式：普通生成

效果展示

1. 插画的特点

　　插画作为一种独特的艺术形式，其特点不仅体现在它能以直观而生动的形式传达信息或情感，还体现在其广泛的适用性和无限的创意潜力上。从书籍封面到数字媒体，从广告宣传到个人表达，插画都扮演着重要的角色。

　　● **视觉传达性**。插画的视觉元素如色彩、形状、线条和纹理等，能够迅速吸引受众的注意力，并有效地传达特定的主题或情感。

　　● **故事性**。插画往往与故事紧密相连，无论是儿童书籍、广告宣传还是杂志插图，创作者通常会通过画面讲述一个故事或展现一个场景，使受众能够产生共鸣。

　　● **创意性**。插画是创作者创意思维的体现，它不受现实世界的限制，创作者可以天马行空地展现想象力和创造力。

　　● **多样性**。插画的表现手法多种多样，可以是手绘、数码绘画、版画、拼贴等，不同的手法可以带来不同的视觉效果和艺术感受。

　　● **艺术性**。插画不仅是用于商业用途的工具，也是艺术表达的一种方式，许多插画作品都具有很高的艺术价值和收藏价值。

2. 插画的提示词设计要点

在使用 AIGC 工具生成插画时，提示词是确保作品与需求精准匹配的桥梁。精心设计的提示词，可以使 AIGC 工具明确作品的主题、风格、情感表达及细节安排，从而让每一笔每一色都精准传达出设计意图。因此，在设计插画提示词时，需要注意以下要点。

● **明确主体特征**。用简洁而准确的词语概括出主体的关键特征，包括皮肤／皮毛、姿态等，让画面有一个明确的焦点，如"画一只可爱的、毛茸茸的白色猫咪，猫咪有一双蓝色的大眼睛，小巧的鼻子和嘴巴，耳朵尖尖的，尾巴长长的且毛茸茸的"。

● **构建场景**。描述插画发生的具体场景，包括时间、地点、环境等要素，让画面更具故事性和真实感，如"在一个下着淅淅沥沥的小雨的黄昏，古老的小镇沉浸在一片朦胧而静谧的氛围中。街道上，青石板路被雨水打湿，泛着微光。街道两旁是古色古香的建筑，屋檐下挂着一串串红灯笼，为昏暗的街道增添了一抹温馨的色彩"。

● **明确艺术风格**。确定插画的艺术风格，如写实风格、卡通风格、手绘风格、矢量风格、复古风格、现代简约风格等，如"以写实风格绘制一幅中世纪的欧洲宫廷舞会插画。画面中的人物穿着华丽的服装，男士们身着燕尾服，女士们穿着蓬松的长裙。他们的服饰细节丰富，带有精美的蕾丝、刺绣和珠宝装饰"。

● **明确表达情感**。描述画面中各个要素需传达出的特定情感，如喜悦、悲伤、愤怒等，让受众能够与插画产生情感共鸣，如"画一幅描绘母子相拥的插画。画面中，年轻的母亲温柔地抱着年幼的孩子，母亲的脸上洋溢着幸福的笑容，眼神里充满了慈爱。孩子则依偎在母亲的怀抱里，脸上露出甜甜的笑容，小手紧紧地抓着母亲的衣服。整个画面色调柔和，以暖黄色为主，给人一种温馨、甜蜜且安心的感觉"。

技能练习

请你使用灵图 AI 生成人物插画，要求如下。

（1）主人公是一位年轻的女性，拥有长而卷曲的黑色头发，穿着一件复古风格的连衣裙，脚踏一双白色运动鞋。她拥有一双明亮的黑眼睛，脸上带着温暖而自信的笑容。

（2）她站在一个种满绿植的小院里，周围有盛开的花朵，几只蝴蝶围绕着花丛飞舞。天空晴朗，阳光明媚，一束光线从树叶间穿过，照在她的身上，营造出一种温馨和谐的氛围。

（3）整幅画作采用手绘风格，色彩鲜艳且对比度适中，给人一种轻松愉悦的感觉。细节处理精致，特别是对人物表情和植物纹理的描绘，能展现出个人魅力和自然之美。

（4）整个画面营造的氛围传达出一种积极向上、乐观开朗的情感，反映了主人公对生活充满热爱和对未来充满希望的态度。

4.2.4 生成海报

海报是一种用于宣传、推广、传达信息或表达艺术理念的平面设计作品。它通常具有强烈的视觉冲击力，可以通过文字、图像、色彩、构图等元素的搭配迅速吸引受众的注意力。海报常常被用于广告、活动宣传、电影宣传等场合。

创作海报时，需要内容层次分明、语言简练有力，能够精准展现海报的主题及核心信息，以确保受众能够一目了然并产生相应的兴趣。因此，在使用AIGC工具生成海报时，需要向AIGC工具准确传达海报的主题类别、设计布局等信息，以确保AIGC工具能够创作出布局合理、内容贴切的海报作品。下面是使用灵图AI根据提供的提示词示例和设置的参数生成海报的效果展示。

案例提示

提示词示例：设计一个海报。中国水彩画，一个可爱的女孩穿着裙子，坐在河边和蝴蝶玩耍，被花朵包围，浅绿色。

AIGC工具选择：灵图AI

风格设置：动漫风-中国风水墨

文本权重：0.5

人脸修复：开启

比例：9∶16

效果展示

1. 海报的特点

为了吸引受众的注意力并有效传达信息，海报通常具有鲜明、直观等特点，这些特点不仅增强了视觉冲击力，也为各类活动和产品的宣传推广提供了强有力的视觉支撑。

● **吸引性**。海报通常采用醒目的颜色、大胆的图案和独特的字体设计，以迅速吸引受众的注意力。同时，创作者也会利用对比、对称、重复等手法来增强海报的视觉冲击力。

● **简洁性**。海报需要在有限的空间内传达尽可能多的信息，因此它往往简洁明了，直击主题，避免冗长的文字描述，并使用符号、图标等视觉元素来提高信息的传达效率。

● **目的性**。海报具有很强的目的性，无论是推销产品、宣传活动还是倡导理念，它都有明确的目的，并基于此目的设计与之相关的内容。

● **艺术性**。海报不仅仅是信息的载体，也是一种艺术形式。许多海报作品都具有很高的艺术价值和收藏价值，它们可以反映时代的特色和创作者的创意才华。

● **多样性**。海报的形式和风格多种多样，根据不同的宣传目的和受众偏好，可以采用不同的形式来设计海报，如插画、摄影、平面设计等。

● **可复制性**。海报可以被大量印刷和复制，便于进行张贴和分发，从而实现信息的快速传播。

● **限制性**。海报通常是为特定时间段的宣传活动服务的，如某商场的周年庆海报就受到时间的限制。

● **商业性**。很多海报的制作初衷就是为了实现商业目的，比如提高产品销量、提升品牌知名度等。

2．海报的提示词设计要点

海报作为一种视觉传达的重要媒介，其设计的优劣将直接关系到信息传递的效果与受众的接受程度。一幅成功的海报不仅要能迅速吸引受众的目光，还需精准、高效地传达核心内容，并在审美上给人以愉悦或震撼的感受。因此，在设计海报提示词时，需要考虑以下要点。

● **明确主题**。清晰表述主题与情感基调，如"制作一张以夏日海边音乐节为主题，氛围欢快的海报"。

● **限定风格**。限定想要的视觉风格特点，如"设计一款具有中国传统水墨画风格，展现山水意境的海报"。

● **指定画面元素**。详细列举画面中应包含的关键元素及其布局或状态，如"生成一张海报，中心是一朵绽放的红玫瑰，周围环绕着闪烁的星星，背景为深邃的夜空"。

● **指定画面色调**。指定色调或色彩组合，奠定画面色调基础，如"创作一幅以金黄与橙红为主色调，营造温暖氛围的海报"。

● **明确受众**。根据目标受众特征来设计提示词，使海报契合受众喜好，如"为儿童群体打造一张有可爱卡通形象、色彩鲜艳活泼的故事绘本海报"。

● **增加创意表述**。描述特殊的创意表现形式或视觉效果，以增添独特性，如"设计一张运用双重曝光手法，将人物与城市景观融合的艺术海报"。

> **技能练习**
>
> 请你使用通义万相生成一幅关于关爱空巢老人的海报，要求如下。
>
> （1）以关爱空巢老人为主题，传递温暖、陪伴与关怀的情感氛围。
>
> （2）采用写实风格，画面具有亲和力与真实感。
>
> （3）画面包含一位坐在洒满阳光的房间里的老人，老人脸上带着微笑，旁边有志愿者陪伴聊天，桌上摆放着热茶和水果，背景有温馨的家庭装饰画。
>
> （4）整体色调以暖黄色为主，搭配少量柔和的淡蓝色进行点缀。
>
> （5）通过光影效果突出老人与志愿者之间的互动，寓意着爱与关怀的传递，使海报更具感染力与视觉冲击力。

4.2.5 生成标志

标志是企业、品牌、机构或组织用来代表和识别自己的一种独特的视觉符号，它通常由文字、图形或二者的结合组成，具有简洁、独特和易识别的特点。标志不仅能传达主体的核心理念和价值观，还能帮助受众识别和记住主体。

创作标志时，关键在于精准捕捉设计对象的核心理念与形象，并以巧妙的手法和创新的审美来展现设计对象的理念与形象。因此，在使用 AIGC 工具生成标志时，需要向 AIGC 工具准确传达设计的主题、设计的风格和设计的预期效果等信息，使 AIGC 工具能够依据这些信息创作出具有独特魅力和辨识度的标志。下面是使用 Midjourney 中文站根据提供的提示词示例和设置的参数生成艺术画的效果展示。

案例提示	效果展示
提示词示例：设计两个简单、形象的咖啡品牌标志，主题为可爱小熊。标志应体现咖啡品牌的温馨、亲切风格，吸引年轻受众。 AIGC工具选择：Midjourney 中文站 生成尺寸：1：1	

1. 标志的特点

标志作为主体形象的重要组成部分，具备一些独特的特点，如简洁性、独特性、象征性等，这些特点使得标志能够在众多标识中脱颖而出，并在消费者心中留下深刻印象。

● **简洁性**。好的标志通常具有简洁、清晰等特征，没有过多的复杂细节，能够确保在各种媒介上以各种尺寸清晰呈现。

● **独特性**。独特的标志能够使主体从众多竞争对手中脱颖而出，吸引受众的注意力，也可以避免与其他标志产生混淆。

● **象征性**。标志往往蕴含着特定的意义，能够传达出主体的价值观、理念、文化或产品的特点等信息。

● **通用性**。优秀的标志具有通用性，能够跨越语言、文化和地域的限制，被广泛的人群所接受和识别。

● **稳定性**。标志一旦确定，通常会在较长的时间内保持相对稳定，以保证主体形象的连贯性和一致性。这样可以让受众形成稳定的认知和记忆，增强主体的可信度。

2. 标志的提示词设计要点

在使用 AIGC 工具生成标志的过程中，提示词的设计将直接影响到生成内容的方向和效果。精确的提示词可以帮助 AIGC 工具抓住主体的精髓，并确保标志能够准确传达主体的核心理念。在设计标志提示词时，需要考虑以下要点。

● **准确定位**。明确标志所代表的主体（如品牌、组织、产品等）的核心特质、目标受众及独特卖点，为标志的设计指明清晰的方向，如"设计一个健身俱乐部的标志，该标志是一个由肌肉线条勾勒而成的抽象人形，身体呈动感的 S 形，仿佛正在进行力量训练。人形整体为闪耀的金属银色，背景是充满活力的橙色渐变"。

● **描述简洁、具体。**避免过于复杂的描述，用简洁的语言勾勒出标志的主要形态、颜色和关键特征，确保标志在视觉上简洁明了，易于识别和记忆，如"设计一个圆形标志，圆形中有一个抽象的飞鸟图案，仅用三条流畅的线条构成，主体为白色，背景为淡蓝色渐变"。

● **鼓励创新。**挖掘与众不同的创意概念或视觉元素，使标志在众多同类中脱颖而出，如"设计一个音乐主题的咖啡馆标志，将音符与咖啡杯巧妙融合，音符的线条化作咖啡杯的蒸汽，整体造型呈螺旋上升状，色彩为深棕色与金色搭配"。

● **赋予寓意。**赋予标志一定的象征意义或内涵，使其能够传达主体的价值观、文化、发展愿景等深层次信息，从而与受众建立情感和理念上的共鸣，如"为教育机构设计一个标志，标志中有一棵古老的大树，树干粗壮且根基深厚，树枝上挂满了代表知识的书籍，绿色的树叶象征生机与成长，寓意着知识的传承与发展"。

● **强化视觉效果。**根据主体个性、目标受众喜好及标志所传达的情感和营造的氛围选择合适的颜色或颜色组合，以强化标志的视觉效果和情感表达，如"设计一个创意艺术工作室标志，以热情的红色为主色调，搭配充满活力的黄色，形成一个抽象的火焰形状，火焰内部有白色的光芒向外散发"。

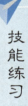

技能练习

请你使用 Midjourney 中文站生成一个企业标志，要求如下。

（1）企业定位为一家专注于可持续发展的环保科技企业，目标受众为企业客户和环保意识强的消费者。

（2）标志中应包含企业名称"GreenTech Solutions"，并体现环保和科技创新的理念。

（3）标志中可以包含叶子、电路等元素，象征企业的环保理念和科技创新能力。

（4）标志应采用简洁的线条和鲜明的色彩，主色为绿色和蓝色，绿色代表环保，蓝色代表科技，且标志在不同尺寸下均应保持清晰可辨。

在使用 AIGC 工具生成图像时，为了确保 AIGC 工具能够准确理解用户需求并生成符合用户期望的图像，用户需要进行正确且详细的描述，这些描述应该涵盖图像的主题、风格、情感与氛围等关键要素。表 4-1 所示为常见的描述提示词分类及其示例。

表 4-1　常见的描述提示词分类及其示例

学思启示

提示词分类	提示词示例
主题	自然风光、城市景观、人物肖像、科幻场景、动物世界、抽象艺术等
色彩	鲜艳多彩、黑白灰、暖色调、冷色调、金色调、蓝色调、紫色调等
风格	写实风格、卡通风格、油画风格、素描风格、像素风格等
情感与氛围	快乐、悲伤、神秘、浪漫、恐怖、宁静、激情、梦幻、复古、未来感等
光线与阴影	自然光、聚光灯、背光、剪影、高对比度、光影交错、逆光效果等
构图与视角	中心构图、三分法构图、对角线构图、微距视角、低角度、高角度等
动作与姿态	动态捕捉、静态姿态、舞蹈、奔跑、坐姿、站姿、睡姿、握手、拥抱等
季节与天气	春季、夏季、秋季、冬季、晴天、雨天、雪天、雷电交加等

4.3　利用AIGC工具处理图像

微课

利用AIGC
工具处理
图像

随着技术的不断进步，传统图像编辑方法的局限性逐渐显现，尤其是在面对大批量或高复杂度的图像处理任务时，人工操作不仅效率低下，还容易产生偏差。为了解决这些问题，AIGC 图像处理工具应运而生。这些 AIGC 图像处理工具能够以自动化、智能化的方式快速分析和处理图像。AIGC 图像处理工具的应用不仅大幅提高了图像处理的速度和精度，还极大地推动了视觉创作领域的发展。下面以 Midjourney 中文站为例，介绍各种处理图像的方法。

4.3.1　局部重绘

局部重绘指的是仅针对一幅图像中的特定区域进行重新绘制、修改或替换的操作，而保持图像的其他部分保持不变。这种方式可以有针对性地对图像中的某些细节、瑕疵或特定元素进行调整和优化，以满足各种创作需求或修复目的。在使用局部重绘功能时，用户可以通过手动涂抹、智能分割或其他方式选择想要编辑的区域，并输入具体的修改目标，然后 AIGC 图像处理工具将会根据这些信息重绘选定区域，其具体操作如下。

（1）在浏览器中搜索"Midjourney 中文站"，进入其应用页面后，在左侧单击"工具箱"按钮，在打开的页面中选择"局部重绘"选项，如图 4-7 所示。

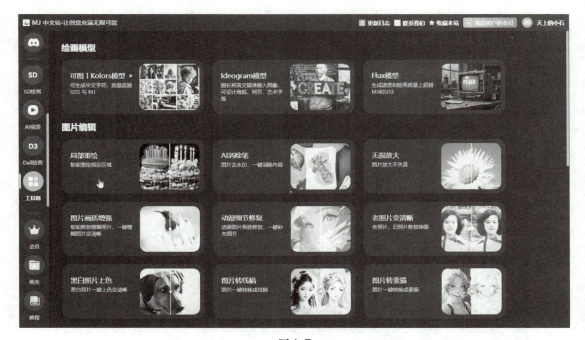

图 4-7

（2）打开"工具箱 – 局部重绘"页面，在"上传图片"栏中上传需要局部重绘的图片，手动涂抹需重绘的区域，在"重绘区域描述"框中输入重绘区域的文字描述"一艘游船"，然后单击 提交任务 (消耗2积分) 按钮，如图 4-8 所示。

图4-8

4.3.2 局部消除

　　局部消除主要是指针对图像中的特定区域，运用各种技术手段将其中某些不需要的元素或瑕疵进行去除或减弱的操作。当处理的图像较为复杂，或是细节较多时，就可以使用 AIGC 图像处理工具来处理。其操作为：单击"工具箱"按钮 ▦ ，在打开的页面中选择"AI 消除笔"选项，打开"工具箱 - AI 消除笔"页面，在"上传图片"栏中上传需要局部消除的图片，手动涂抹需处理的区域后，单击 提交任务（消耗2积分） 按钮，如图 4-9 所示。

图4-9

4.3.3　无损放大

无损放大是一种先进的数字图像处理技术，可以在增加图像的分辨率或尺寸的同时，尽可能保留原始图像的细节和质量，减少出现因图像放大而导致的模糊、失真等问题。例如，在日常的数码摄影实践中，经常会遇到因拍摄设备限制或拍摄条件不佳导致所拍摄的图像分辨率较低，而此时运用 AIGC 图像处理工具提供的无损放大功能，就可以在不损失太多细节的前提下，将这些图像放大到适合打印或在大屏幕上展示的尺寸，以满足摄影爱好者对图像质量的要求。其操作为：单击"工具箱"按钮 ，在打开的页面中选择"无损放大"选项，打开"工具箱 – 无损放大"页面，在"上传图片"栏中上传需要无损放大的图片，在"出图质量"栏中设置出图质量，这里设置为"放大 4x"，然后单击 提交任务 (消耗2积分) 按钮，如图 4-10 所示。

图 4-10

4.3.4　增强画质

增强画质是指通过一系列的技术手段来提升图像的分辨率、清晰度、色彩准确度等指标，从而改善图像的视觉效果。传统的超分辨率技术往往受限于计算资源和算法效率，难以在实际应用中实现高质量的图像画质增强，而 AIGC 图像处理工具能够利用深度神经网络逐像素地分析和处理图像，通过学习和预测，生成高分辨率的图像。这种方法不仅提高了图像的分辨率，还保留了原始图像中的细节和纹理信息，使得画质增强后的图像更加清晰、自然。其操作为：单击"工具箱"按钮 ，在打开的页面中选择"图片画质增强"选项，打开"工具箱 – 图片画质增强"页面，在"上传图片"栏中上传需要增强画质的图片，然后单击 提交任务 (消耗2积分) 按钮，如图 4-11 所示。

4.3.5　动漫细节修复

动漫细节修复是指通过各种技术手段，让动漫画面中的细节更加清晰和完整。相较于传统的动漫修复工具，AIGC 图像处理工具显然具有更高的处理效率，不仅能有效提升动漫画面的整体质量，还能让动漫作品更加符合现代受众的审美。其操作为：单击"工具箱"按钮![icon]，在打开的页面中选择"动漫细节修复"选项，打开"工具箱 - 动漫细节修复"页面，在"上传图片"栏中上传需要修复的动漫图片，在"出图质量"栏中设置出图质量，如"放大 2x"，在"图片相关性"栏中设置处理后的图片与原图的相关性，如"5"，在"细节强度"栏中设置细节强度，如"40"，然后单击![提交任务（消耗2积分）]按钮，如图 4-12 所示。

图4-11

图4-12

4.3.6 照片上色

照片上色是指利用各种技术手段为黑白照片或色彩暗淡、失真的照片添加或调整色彩，使其呈现出自然、生动且符合特定需求的彩色效果。AIGC 图像处理工具可以通过智能推荐或自动生成的色彩方案，极大地提高照片上色的精准度和艺术性，为用户带来更加便捷、个性化的上色体验。其操作为：单击"工具箱"按钮![icon]，在打开的页面中选择"黑白照片上色"选项，打开"工具箱 - 黑白照片上色"页面，在"上传图片"栏中上传需要上色的图片，在"选择修复模型"栏中选择"照片上色"选项，然后单击 提交任务（消耗2积分） 按钮，如图4-13所示。

图4-13

4.3.7　去除背景

去除背景是指利用图像处理技术将图像中的背景部分去除，只留下主体部分。大部分图像处理软件或工具虽然也能实现这一功能，但它们往往需要用户具备一定的专业技能和耐心，去进行繁琐的手动操作，但借助于AIGC图像处理工具，就可以将这一过程变得更加简单、快捷和高效。其操作为：单击"工具箱"按钮▦，在打开的页面中选择"AI抠图"选项，打开"工具箱-AI抠图"页面，在"上传图片"栏中上传需要去除背景的图片，在"抠图模式"栏中设置处理后的图片背景，如"透明背景"，然后单击 提交任务（消耗1积分） 按钮，如图4-14所示。

4.3.8　智能扩图

智能扩图是一种利用AI技术对图像进行扩展处理的功能。它依托于先进的AI算法，深入分析图像的内容、纹理及上下文信息，通过复杂的计算与预测，智能地生成原本缺失或需要扩展的部分，从而实现图像的无缝且自然的扩展。这项功能不仅保留了原始图像的核心信息与风格，还能够在扩展的过程中增添更多的细节与层次，使图像整体更加生动与完整。其操作为：单击"工具箱"按钮▦，在打开的页面中选择"AI扩图"选项，打开"工具箱-AI扩图"页面，在"上传原图"栏中上传需要扩展的图片，在"扩展比例"栏中设置图片的扩展比例，如"150%"，然后单击 提交任务（消耗1积分） 按钮，如图4-15所示。

图4-14

图4-15

4.3.9　图片转动漫

　　图片转动漫是指使用一系列技术手段和算法将普通图像转化为动漫风格或卡通风格的图像。通常 AIGC 图像处理工具会内置多种动漫风格模板，从经典的日式漫画风格到现代流行的卡通风格，用户只需简单操作，便可让图像瞬间焕发动漫魅力。其操作为：单击"工具箱"按钮，在打开的页面中选择"AI 转动漫"选项，打开"工具箱 -AI 转动漫"页面，在"上传图片"栏中上传需要转为动漫风格的图片，在"模型选择"栏中选择模型，如"V2（新版增强）"，在"风格选择"栏中设置动漫风格，如"复古漫画"，然后单击 提交任务（消耗2积分） 按钮，如图 4-16 所示。

图 4-16

4.3.10　图片融合

图片融合是指将两张或多张图片的内容以某种方式合并在一起，以形成一个新的、综合的图片，同时保留原始图片的关键特征和信息。在图片融合的过程中，AIGC 图像处理工具凭借其强大的算法和模型，能够智能分析图片中的各个元素，如色彩、纹理、形状等，并精准地将其融合在一起。这种智能融合不仅避免了传统方法可能导致的生硬拼接，还能够根据用户的意图和需求调整图片融合的效果和风格，使得融合后的图片既保留了原始图片的特色，又呈现出全新的视觉效果。其操作为：单击"工具箱"按钮，在打开的页面中选择"图片融合"选项，打开"工具箱 - 图片融合"页面，在"上传图片"栏中上传 2-4 张需要融合的图片（图片越靠前，权重越高，即排在前面的图片在融合结果中将占据更重要的地位，其内容和特征将在最终生成的图片中得到更多的体现和保留），然后单击 提交任务（消耗2积分） 按钮，如图 4-17 所示。

4.3.11　风格迁移

风格迁移是指将源图像的风格（如颜色、纹理、形状等）转移到目标图像上。这是 AIGC 图像处理工具中的一个重要功能，它能够在捕捉并传达源图像风格精髓的基础上，去除或淡化目标图像中与源图像风格无关的细节。其操作为：单击"工具箱"按钮 ▦ ，在打开的页面中选择"风格迁移"选项，打开"工具箱 – 风格迁移"页面，在"上传图片"栏中上传需要风格迁移的图片，在"选择风格参考图"栏中上传被迁移风格的参考图，在"风格强度"栏中设置风格迁移的强弱程度（数值越高，生成的图片的风格特点就越趋近于参考图的风格特点，反之亦然），如"50"，在"提示词 –Prompt（选填）"栏中可输入一些额外的描述性词语或要求，这些提示词能够对生成图片的细节特征进行进一步限定，在"绘图模式"栏中选择绘图模式，这里选择"单图模式"，其他保持默认设置，然后单击 提交任务（消耗1积分） 按钮，如图 4-18 所示。

图 4-17

图 4-18

学思启示

在使用 AIGC 工具处理图像提升我们的工作效率与创作自由度的同时，我们也应深刻反思其背后的潜在影响。这些先进的工具虽然赋予我们前所未有的图像处理能力，但我们也应意识到，技术的双刃剑特性不容忽视。在享受便捷与高效的同时，我们必须审慎对待可能产生的技术依赖、数据隐私泄露、版权争议及艺术原创性受损等问题。唯有在充分理解并有效应对这些挑战的基础上，我们才能更好地利用 AIGC 工具，推动图像处理技术的健康发展，同时维护艺术的纯粹性与多样性。

🔑 实战演练

任务1　利用通义万相制作精美的端午节节日海报

端午节是我国的传统节日之一。在这一天，人们会举行赛龙舟、吃粽子、挂艾草和菖蒲等传统活动，以表达对传统文化的尊重。端午节节日海报作为一种宣传媒介，可以用来弘扬这一传统节日的文化精髓，传递节日的美好寓意。一张精美的端午节海报，不仅可以吸引人们的目光，激发他们参与节日活动的热情，还能够促进传统文化的传承和发展。端午节节日海报可以让人们更加深入地了解端午节的历史由来、传统习俗和文化内涵，从而进一步增强人们对中华民族传统文化的认同感和自豪感。因此，节日主题的海报在推广传统文化方面发挥着重要的作用。

1. 需求分析

随着端午节的临近，创意飞扬设计有限公司计划发布一张节日主题海报，旨在宣传中华民族传统文化，并吸引更多客户的关注。公司管理层决定将这项重要任务分配给设计部的小孙。小孙在接到任务后，首先明确了海报的设计目的和关键元素，然后开始紧密结合端午节的特色进行构思。在设计过程中，小孙决定先利用 AIGC 工具生成海报初稿，然后再利用其编辑功能对海报的细节部分进行打磨和调整，使其不仅可以保留端午节的传统元素，还可以巧妙地融入现代元素，从而打造出一张既美观大方又充满创意的节日主题海报。

2. 思路设计

利用通义万相制作精美的端午节节日海报时，可以按照以下思路进行设计。

● **明确海报主题**。确定海报的主题。

● **明确创作意图**。明确海报的创作是为了宣传企业文化、吸引客户关注，还是作为内部员工的节日祝福。

● **提供设计元素**。向 AIGC 工具提供海报中可能包含的元素，如龙舟、花灯等。

● **生成海报初稿**。使用通义万相，生成端午节节日海报的初稿。

● **优化海报初稿**。根据需要对海报的初稿进行创意性调整，以提升海报的吸引力。

● **美化与发布**。下载创作完成的海报，利用 Photoshop 等设计工具在海报的合适位置添加节日寄语或祝福语，以丰富海报的内涵，最后发布海报。

端午节节日海报的最终参考效果如图 4-19 所示。

图4-19

3. 操作实现

利用通义万相制作精美的端午节节日海报的具体操作如下。

（1）在浏览器中搜索"通义万相"，进入其应用页面后，单击"文字作画"选项，然后在打开页面的聊天框中输入提示词"一个来自中国的可爱小男孩，正在划船，身后有一条巨大的中国龙，开心的笑容，端午节，扁平插画，粽子，河里漂浮着莲花灯，夜晚，景深，超高清"，设置比例为"9:16"，开启灵感模式，最后单击 生成画作 ⊙1 按钮，如图4-20所示。

（2）从生成效果来看，画面显得不太协调且比较混乱，需要进一步改进，因此可以单击 智能扩写 按钮，让AIGC工具根据原提示词进行扩写，以描述更多细节，再添加"3D卡通"创意模版，将"强度"设置为"0.7"，最后单击 生成画作 ⊙1 按钮，如图4-21所示。

图4-20

微课

利用通义万相制作精美的端午节节日海报

图4-21

（3）将第1张图片以无水印下载的方式下载到计算机中，然后在浏览器中搜索"Midjourney 中文站"，进入其应用页面后，打开"工具箱-AI扩图"页面，在"上传原图"栏中上传刚刚下载的图片，在"扩展比例"栏中选择"125%"，然后单击 <kbd>提交任务（消耗1积分）</kbd> 按钮，如图4-22所示。

（4）将扩展后的图片下载到计算机中，再用 Photoshop 将其打开，然后在合适的位置添加"端午""逐浪千帆过 端午启安康"和"创意飞扬设计有限公司"等文本。

（5）将设计完成的端午节节日海报发送给领导审阅，确认无误后，将海报发布。

图4-22

任务2　利用无界AI制作小红书文案配图

　　自媒体帐号运营过程中，文案撰写是不可或缺的一部分。精彩文案能够吸引读者，传达情感，还能引发共鸣。而为文案搭配相应的图片，则是提升内容吸引力、增强读者代入感的关键所在。需要注意的是，在创作配图时，需要综合考虑多个因素，包括文案的调性、读者的喜好、图片的版权问题等。只有使用与文案相匹配、能够引起读者共鸣和关注的配图，才能使分享更加生动有趣、引人入胜，从而吸引更多的读者。

1. 需求分析

小周是一位热爱生活、善于捕捉生活美好瞬间的时尚博主，她拥有敏锐的时尚触觉和独特的审美视角。在小红书这个充满活力的社交平台上，她经常会发布一些关于时尚穿搭、美食探店、旅行攻略及家居装饰的内容，深受粉丝的喜爱。今天，她准备做一期饰品的分享，为进一步提升自己发布的内容的吸引力和独特性，小周决定尝试使用 AIGC 工具来为她的文案配图。她相信，人工智能技术与创意的融合一定能为她的分享增添更多亮点，让她分享的内容更加独特且吸引人。

2. 思路设计

利用无界 AI 制作小红书文案配图时，可以按照以下思路进行设计。

● **适配风格**。根据文案的情感基调来确定配图风格。如果文案内容是清新治愈系的，那么配图风格就可以选择清新风、简约插画风等。

● **设计提示词**。明确要在图中呈现的主体对象，并用准确、具体的词汇描述。除了主体外，还要对相关的细节进行描述，让生成的图片细节更丰富、更贴合文案。

● **生成初稿**。使用 AIGC 工具生成图片初稿。

● **评估与处理**。仔细观察生成的图片，从与文案的契合度、图片本身的质量（如清晰度等）、是否为预期的风格等方面进行评估，如果生成的图片没达到预期效果，则对提示词进行有针对性的微调。

● **预览效果**。下载图片，并预览整体效果，确保图片与文案在视觉上相互补充，共同传达出想要表达的信息。预览无误后，在小红书上发布。

小红书文案配图的最终参考效果如图 4-23 所示。

图4-23

3. 操作实现

微课

利用无界AI
制作小红书
文案配图

利用无界 AI 制作小红书文案配图的具体操作如下。

（1）在浏览器中搜索"无界 AI"，进入其应用页面后，单击"AI 创作"选项卡，然后在"画面描述"聊天框中输入提示词"在闪耀着白色与紫色微光的背景下，银色链条上挂着银质蝴蝶结吊坠，吊坠上镶嵌着硕大闪耀的宝石，宝石焕发着鲜艳的蓝色光芒。"，其他保持默认设置，最后单击 立即生成 按钮，如图 4-24 所示。

图 4-24

（2）如果生成的图片效果不理想，则可修改提示词，或再次单击 立即生成 按钮，重新生成新的图片。其他生成的图片如图 4-25 所示。

图 4-25

（3）将图片下载至计算机中，使用创客贴、Photoshop 等工具进行排版与设计，然后将处理后的图片和文案一同在小红书发布。

本章实训

1. 使用通义万相生成一个科技企业的标志，要求能够体现企业的核心价值——创新、卓越与可持续发展，并融入与行业相关的符号或元素，以打造出一个既独特又富有内涵的标志。

2. 使用文心一格为当地的图书馆设计一个吉祥物，这个吉祥物不仅要活泼可爱，还要能传达出图书馆的文化氛围和知识魅力。

3. 使用灵图 AI 生成一张冬季的雪景图片，画面中的世界被一层洁白无瑕的雪花轻轻覆盖，地上有许多小孩正在打雪仗。

4. 使用 Midjourney 中文站生成一幅梵高风格的图片，画面以一片绚烂的麦田为主体，麦田远处的天空呈现一种深邃的蓝色，与麦田的金黄色形成鲜明的对比。

5. 使用无界 AI 根据自己阅读的书中的人物描写生成对应的人物插画，再适当修改提示词，看看效果有什么不同。

6. 试分析图 4-26 所示的 4 张图片的提示词，再用任意一款 AIGC 图像处理工具生成与之风格相似的图片。

图4-26

▶ 使用AIGC工具
生成的老照片
动态视频

▶ 使用AIGC工具
生成的数字人
推广播报

第5章

AIGC视频生成与优化

在当今信息爆炸的时代，观看视频已成为人们获取信息、娱乐和社交的重要方式。然而，传统的视频制作由于技术水平和人力资源的限制，往往难以实现复杂且富有想象力的视觉效果。而AIGC视频生成与优化工具则能够突破这些限制，通过算法生成各种具有独特视觉效果的视频，使得观赏体验更加丰富多样，从而满足人们对新鲜感和视觉冲击力的追求。

学习引导		
学习目标	**知识目标**	**素养目标**
	1. 熟悉各种AIGC视频生成与优化工具 2. 掌握在不同场景中运用AIGC工具生成视频的方法 3. 掌握利用AIGC工具进行视频剪辑与影像优化的方法	1. 严格遵守相关法律法规，确保视频内容的合法性和合规性 2. 紧跟AIGC领域的发展动态，不断学习新知识、新技能，提升自身在视频生成与优化领域的竞争力
课前讨论	1. 你是否了解过一些成功的AIGC工具生成视频的案例？这些案例有哪些地方值得借鉴？ 2. 你认为AIGC工具会对传统视频制作行业产生怎样的影响？	

5.1 常用的AIGC视频生成与优化工具

AIGC 视频生成与优化工具，即利用 AI 技术来创建和改进视频内容的工具。这些工具通过深度学习、计算机视觉和自然语言处理等技术，能够自动生成视频片段、添加特效、进行智能剪辑及优化视频质量。目前，AIGC 视频生成与优化工具已经广泛应用于多个领域，从个人娱乐到商业宣传，都可见其身影。

5.1.1 即梦 AI

即梦 AI 是一个生成式人工智能创作平台，它既能依据输入的自然语言与上传的图片巧妙地生成丰富多样且极具连贯性的视频内容，又能凭借智能画布、多种特色编辑功能让视频的优化调整变得轻而易举。同时，即梦 AI 还内置了丰富的素材库，从热门音乐、动态贴纸到专业级滤镜特效，一应俱全。

5.1.2 剪映

剪映是抖音官方推出的一款视频剪辑应用，自 2019 年 5 月上线以来，已经成为众多视频创作者的首选。它适用于 iOS、Android、macOS 和 Windows 等多个操作系统。剪映具有简单易用的特点，支持 AI 识别字幕或歌词、智能抠图、绿幕抠图、AI 文本朗读等功能。此外，它还为用户提供了图文成片功能，该功能可以根据用户设置的文案参数或输入的文案智能匹配素材，使用户可以一键生成富有创意的视频内容。图 5-1 所示为剪映的应用页面。

5.1.3 360AI视频

360AI 办公是 360 集团发布的一款 AI 产品，而 360AI 视频则是 360AI 办公中的一项重要功能，旨在为用户提供高效、智能的视频创作与编辑体验。通过集成先进的 AI 技术，360AI 视频不仅简化了视频制作的复杂流程，还赋予了用户前所未有的创作自主权。图 5-2 所示为 360AI 视频的应用页面。

图 5-1

图 5-2

5.1.4　讯飞智作

　　讯飞智作是科大讯飞推出的一款基于 AI 技术的多媒体创作工具，旨在帮助用户高效、便捷地制作高质量的视频、音频内容。讯飞智作支持视频的智能剪辑和编排，用户可以通过简单的操作实现视频的快速剪辑和合成。同时，讯飞智作还提供了多种视频模板和特效，方便用户对视频进行个性化的定制。图 5-3 所示为讯飞智作的应用页面。

图 5-3

5.1.5 腾讯智影

腾讯智影是由深圳市腾讯计算机系统有限公司开发的一款云端智能视频创作工具，可以为用户提供从素材收集、视频剪辑、后期包装、渲染导出到发布的一站式视频剪辑及制作服务。此外，腾讯智影还支持用户自定义视觉风格，如复古、清新等。图 5-4 所示为腾讯智影的应用页面。

图 5-4

5.1.6 艺映AI

艺映 AI 是由 MewXAI 团队推出的一款多功能 AI 视频创作工具，支持文生视频、图生视频及视频转动漫 3 种功能。用户可以通过输入文本或上传图片来生成具有多种风格的 AI 视频。艺映 AI 的优点在于它能够提供多种视频生成方式，视频风格多样且效果稳定，支持多平台账号同步，且视频创作不受设备限制。图 5-5 所示为艺映 AI 的应用页面。

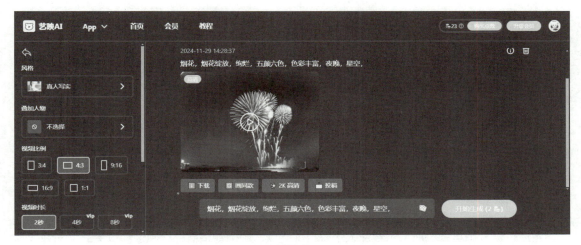

图 5-5

5.1.7　Runway中文站

Runway 是一个基于 AI 的创意工具平台，提供了一系列强大的 AI 工具和服务，涵盖了图片生成、视频编辑等多个方面。Runway 中文站则是 Runway 的中文版本，提供了更友好的中文界面、文档和社区支持，使得更多中国用户能够轻松使用这些先进的 AI 技术。图 5-6 所示为 Runway 中文站的应用页面。

图 5-6

5.2　利用AIGC工具生成多场景视频

视频内容的需求在当下正以惊人的速度增长，覆盖广告宣传、影视创作、教育培训等许多领域，每个平台都在积极寻求高质量视频，以提升自身的竞争力。为此，AI 技术正逐步且深入地应用于视频生成领域，通过深度学习与计算机视觉技术

微课

利用AIGC
工具生成
多场景视频

的结合，多种 AIGC 工具应运而生。无论是精心策划的企业宣传片、扣人心弦的微电影，还是轻松幽默的短视频，这些 AIGC 工具都能为视频创作者提供即时、高效的视频生成服务。

5.2.1 生成广告营销类视频

广告营销类视频是指那些旨在推广产品、服务或品牌，以吸引潜在消费者、提升品牌知名度或促进销售的商业视频。这些视频的形式多种多样，既有短小精悍的短视频，也有制作精良的长视频；既有以幽默搞笑为特点的"病毒"视频，也有以情感共鸣为核心的品牌故事。无论是哪种形式，广告营销类视频都致力于在有限的时间内最大限度地吸引目标受众的注意力，并激发他们的购买欲望或品牌认同感。

生成广告营销类视频时，需要深入了解目标受众、明确营销目标、制定创意策略、规划视频内容及选择合适的视觉和听觉元素等。因此，视频创作者在使用 AIGC 工具生成广告营销类视频时，需要向 AIGC 工具提供目标受众特征、营销目标与策略、品牌信息与调性、创意方向及所需素材，以及视频的具体规格与格式要求，以确保视频内容既符合品牌宣传的需求，又能有效吸引目标受众。下面是使用即梦 AI 根据提供的提示词示例和设置的参数生成广告营销类视频的效果展示。

案例提示

提示词示例：*产品拍摄，一双巨大的篮球鞋，放在海岸上，边上有几个篮球，虚化背景，高级拍摄。*

AIGC 工具选择：即梦 AI

视频模型：视频S2.0

生成时长：5s

视频比例：16：9

效果展示

扫码查看

1. 广告营销类视频的特点

广告营销类视频之所以能够在信息爆炸的时代脱颖而出，成为企业营销的利器，正是因为它具备了一系列独特的特点。这些特点不仅使得广告营销类视频能够有效吸引目标受众的注意力，还能深刻影响目标受众的情感和行为，从而实现品牌传播和产品推广。

● **吸引性**。广告营销类视频通常采用引人注目的视觉元素和音效来迅速吸引目标受众的注意力。

● **目的性**。每一个广告营销类视频都是为了实现特定的营销目标，如提升品牌知名度、促进产品销售或改变目标受众对品牌的看法。

● **独特性**。创意是广告营销类视频的灵魂，它们往往通过新颖的角度、有趣的故事或独特的表现形式来传递信息，使品牌形象更加生动和难忘。

- **高效性**。在有限的时间内，广告营销类视频需要高效地传达关键信息，确保目标受众能够快速理解视频想要表达的核心内容。

- **简洁性**。考虑到社交媒体的传播特性，广告营销类视频通常设计得简洁且易于分享，以便在网络上迅速传播。

- **适应性**。广告营销类视频能够根据不同的营销渠道和目标受众进行定制，以适应多样化的市场需求。

2. 广告营销类视频的提示词设计要点

制作广告营销类视频的目的是吸引目标受众的注意力，传达清晰的信息，并激发目标受众的浏览兴趣和购买欲望。因此，在设计广告营销类视频提示词时，需要考虑以下要点。

- **明确营销目标与目标受众**。清晰界定视频的营销目标，如提高品牌知名度、促进产品销售、增加网站流量等，同时确定目标受众的特征，如年龄、性别、兴趣爱好等，如"为一款面向25 ~ 35岁时尚女性的新款美妆产品制作广告视频，目标是提高产品的知名度并促进线上购买"。

- **描述产品或服务**。详细描述产品或服务的关键特性、优势、独特卖点、功能、使用场景等，如"展示某智能手表的超长续航能力，能在户外运动时持续记录运动数据，如心率、运动轨迹等，防水防尘且拥有时尚简约的表盘设计"。

- **确定视频风格**。确定视频的整体风格，如复古风、卡通风格、文艺清新等，以及想要传达的情感，如欢快、激动等，如"以复古风格制作咖啡品牌广告视频，传达出温馨、惬意的情感，展现人们在复古咖啡馆中享受咖啡的悠闲时光"。

- **构建具体场景**。构建具体的场景来展示产品或服务，包括时间、地点、人物活动等，如"在繁华都市的街头，一位年轻的职场人士在忙碌一天后，走进一家明亮的便利店，拿起一瓶清凉的能量饮料，一饮而尽，恢复了活力"。

- **增加视觉元素**。提出对画面色彩、构图、镜头运动、特效等方面的要求，如"视频画面色彩鲜艳且富有层次感，采用全景展示宏大的自然风光，特写突出产品细节，镜头平稳移动，结尾添加光影特效来强化品牌Logo"。

- **明确视频时长**。规定视频时长和整体节奏的快慢，如"制作一个时长为30秒的广告视频，开头5秒以惊艳的视觉效果迅速吸引目标受众的注意力，中间15秒详细介绍产品，结尾10秒加快节奏推出引导购买和品牌信息"。

> **技能练习**
>
> 请你使用艺映AI生成一条关于柠檬水的广告视频，要求如下。
>
> （1）推广夏季新款柠檬水饮品，强调其天然、清爽的特点，吸引年轻消费者群体。
>
> （2）使用明亮的色彩搭配来营造愉悦的氛围，传递一种积极向上的生活态度。
>
> （3）通过特写镜头捕捉柠檬片上细腻的纹理及晶莹剔透的质感，让目标受众仿佛能感受到那份清凉。
>
> （4）视频时长控制在8秒左右。

5.2.2　生成日常生活类视频

日常生活类视频通常是指记录或展示人们日常生活的视频内容，这类视频可以涵盖广泛的主题，从人们早晨起床到晚上睡觉之间的任何活动都可以作为拍摄主题，以向目标受众展示一种真实、自然的生活方式，让目标受众能够感受到视频创作者的日常生活状态，有时也能从中获得灵感或学习到新的生活方式。

生成日常生活类视频的核心在于深刻洞察目标受众的兴趣，并以新颖独特且引人入胜的手法展现生活的独特魅力。因此，在使用 AIGC 工具生成日常生活类视频时，需要向 AIGC 工具准确地提供目标受众的生活习惯、日常情感共鸣点及视频主题倾向等关键信息，使 AIGC 工具能够基于这些素材编织出既贴近目标受众日常又能深刻引起情感共鸣的视频叙事，从而实现视频传播的目的，并提升目标受众的观看黏性。下面是使用 360AI 视频根据提供的提示词示例和设置的参数生成日常生活类视频的效果展示。

案例提示

提示词示例：温馨的家庭聚餐，客厅里的大圆桌上满满当当摆着一大桌子菜，有妈妈拿手的红烧肉、爸爸做的清蒸鱼，还有各种时令蔬菜，欢声笑语在房间里回荡。

AIGC工具选择：360AI视频

风格：剧情

时长：4s

效果展示

扫码查看

1. 日常生活类视频的特点

日常生活类视频以其真实性、多样性等特点在社交媒体上广受欢迎。这类视频不仅展现了普通人的琐碎日常，还通过熟悉的生活框架传递出新鲜感和积极的心理暗示，让目标受众在观看时既能感受到亲切又充满新鲜感。

● **真实性**。日常生活类视频通常展现了真实的生活场景，没有过多的修饰和剧本编排，让目标受众能够感受到生活的"原汁原味"。

● **多样性**。日常生活类视频通过展现多样的生活场景与不同群体建立起情感纽带，这些视频内容丰富多样，包括通勤、做饭、洗衣等普通人的琐碎日常，能够满足目标受众对多元生活的好奇和畅想。

● **重复性**。尽管日常生活本身可能具有重复性，但正是这种重复性构成了日常生活的真实面貌。视频创作者通过每日或隔日更新，可以保持与目标受众的持续互动，进而形成稳定的粉丝基础。

● **教育性**。许多日常生活类视频会传授一些生活小技巧、健康知识等，具有一定的教育意义。

● **易模仿性**。由于日常生活类视频展示的是日常生活中的普通活动，因此目标受众可以很容易地模仿视频中的行为或尝试视频中的建议。

● **时效性**。日常生活类视频往往与当前的时间、季节、节日或流行趋势相关，具有一定的时效性。

● **低门槛性**。制作日常生活类视频不需要复杂的设备或专业知识，普通人也可以用手机等设备轻松地拍摄和分享。

2. 日常生活类视频的提示词设计要点

在表现日常生活的视频中，每个细节都可能成为目标受众关注的焦点。为了让日常生活类视频更加吸引人，提示词的设计就显得尤为重要。视频创作者在设计日常生活类视频提示词时，需要注意以下要点。

● **明确主题**。明确视频的核心主题，如一个具体的活动、经历、生活场景或情感表达等，如"在绿树成荫、设施齐全的城市公园中进行健身锻炼，公园有宽敞的跑道、各种健身器材和宁静的湖泊"。

● **描述场景**。详细描述视频发生的场景，包括地点、环境氛围、时间等要素，如"在阳光明媚的周末午后，某城市公园草坪上，微风轻轻拂过，周围是盛开的花朵和高大的树木，一家人正在这里野餐"。

● **介绍人物与角色**。介绍视频中涉及的人物身份、关系、性格特点或外貌特征等，如"一对年轻的夫妇带着他们活泼可爱的孩子，孩子穿着鲜艳的童装，脸上洋溢着纯真的笑容，夫妇之间相互关爱，眼神交流充满温情"。

● **增加故事性**。阐述视频中主要的情节发展或人物的活动流程，增加视频的故事性和趣味性，如"一家人先到达公园，寻找合适的野餐地点，然后一起铺好野餐布，摆放好各种美食，孩子在一旁追逐蝴蝶，夫妇品尝美食并愉快地聊天，最后一家人合影留念"。

● **营造情感氛围**。传达视频想要表达的情感基调或整体氛围，如快乐、温馨、宁静、悠闲等，如"整个野餐过程充满了温馨和欢乐的氛围，家人之间的欢声笑语回荡在公园中，阳光洒在身上，让人感受到生活的美好与惬意"。

技能练习

请你使用剪映生成一条周末在超市购物的日常视频，要求如下。

（1）重点放在展示一次高效而愉快的购物体验上，强调如何在繁忙的日程中找到乐趣，并分享一些实用的购物小技巧。

（2）场景设定在一个明亮、整洁且商品种类丰富的大型连锁超市内。从进入超市开始记录，包括挑选商品、比较价格、与店员交流等环节。

（3）视频中的主要人物可以是视频创作者自己，也可以邀请朋友或家人一同参与，增加视频的互动性和趣味性。

5.2.3　生成自然风光类视频

自然风光类视频是指以展示大自然美丽景色和壮丽景观为主题的视频内容，涵盖山川湖泊、森林草原、海洋瀑布、日出日落、四季变换等多种自然元素，通过镜头捕捉和记录大自然原始、纯净、震撼人心的美丽瞬间。此外，自然风光类视频还常用于旅游推广、环境保护宣传、纪录片制作等多个领域，既能够吸引游客的目光，促进旅游业的发展，也能够唤起公众对自然环境保护的关注。

生成自然风光类视频时，视频创作者需要充分捕捉大自然的壮丽，同时确保画面的生动性和视觉美感，以带领目标受众沉浸于视频所展现的自然奇观与宁静氛围之中。因此，在使用 AIGC 工具生成自然风光类视频时，需要向 AIGC 工具准确提供景观特色、拍摄风格、情感氛围、生态价值等信息，以确保 AIGC 工具能够创造出令人震撼的自然风光作品。下面是使用即梦 AI 根据提供的提示词示例和设置的参数生成自然风光类视频的效果展示。

案例提示

提示词示例：在阳光明媚的日子里，连绵起伏的山峦若隐若现，与蓝天白云相映成趣。整个场景静谧而美丽，仿佛是一幅生动的自然画卷，让人能够感受到大自然的宁静与和谐。

AIGC工具选择：即梦 AI

视频模型：视频 S2.0pro

生成时长：5s

视频比例：16：9

效果展示

扫码查看

1. 自然风光类视频的特点

从镜头的捕捉到画面的构图，从色彩的运用到节奏的把握，这些特点共同铸就了自然风光类视频的深邃意蕴。

- **视觉美感性**。自然风光类视频通常具有很高的视觉美感，通过精美的画面展示大自然的壮丽。
- **真实自然性**。自然风光类视频通常不需要过多的人工修饰，尽量保持自然景观的真实性，让目标受众能够感受到自然之美。
- **多样性和独特性**。自然风光种类繁多，从高山到大海，从极地到热带雨林，每个地方都有其独特的自然景观和生态环境。
- **不可复制性**。自然风光类视频往往会捕捉特定时间点的景象，如日出、日落等，这些时间点的自然景观具有不可复制性。
- **艺术性**。许多自然风光类视频不仅仅是简单的记录，更是视频创作者艺术水平的体现，是通过光线、色彩等元素的搭配创造出的艺术作品。
- **无国界性**。自然风光类视频不受语言和文化的限制，可以跨越国界，被全世界的目标受众所欣赏。

2. 自然风光类视频的提示词设计要点

自然风光类视频不仅能够带给目标受众视觉上的享受，还能够传递关于环境保护和自然保护的重要信息。为了制作出更具吸引力的自然风光类视频，视频创作者需要精心设计提示词，以引导 AIGC 工具生成符合预期的视频内容。因此，在设计自然风光类视频提示词时，视频创作者需要注意以下要点。

● **明确地点与地貌特征**。明确具体的自然风光地点与独特的地貌特征，如"展现亚马孙热带雨林的壮丽景色，有茂密的高大树木、缠绕的藤蔓、湍急的河流及丰富多样的珍稀动植物"。

● **表明时间与季节**。点明拍摄的时间点与季节，因为不同时间点的自然风光会呈现出截然不同的景象，如"记录黎明时分海边的自然风光，太阳从海平面缓缓升起，金色的光辉洒在波光粼粼的海面上，沙滩被染成橙黄色，远处的礁石在晨雾中若隐若现"。

● **描述气候与天气状况**。描述气候特点与天气状况，增加视频画面的动态感与独特性，如"呈现雪后黄山的美景，山峰、树木、岩石都被厚厚的积雪覆盖，银装素裹，在阳光照射下闪耀着晶莹的光芒，山间云雾缭绕，宛如仙境"。

● **列举关键元素**。列举出关键的自然元素，如山川、河流、湖泊、森林等，以及可能出现的动植物，如"展现九寨沟五彩斑斓的湖泊，湖水清澈见底，周围环绕着翠绿的树林，湖底的钙化物质形成奇特的形状，还有灵动的小鱼在水中穿梭"。

● **营造特定氛围**。对画面的视觉风格、色彩搭配提出要求，以营造出特定的美感或氛围，如"以柔和的色调和细腻的画质呈现江南水乡的自然风光，青瓦白墙的民居错落有致地分布在碧绿的河道两旁，河面上小船悠悠划过，泛起层层涟漪，岸边垂柳依依，仿佛一幅淡雅的水墨画"。

● **点名拍摄手法和拍摄视角**。说明期望的镜头拍摄手法，如推、拉、摇、移、升、降等，以及不同的拍摄视角，如俯瞰、仰视、平视、特写等，如"以特写镜头开始，展现一朵娇艳盛开的高山杜鹃，花瓣上挂着晶莹的露珠，然后镜头慢慢拉远，展现出整座开满杜鹃的山峰，漫山遍野的花海在微风中摇曳生姿"。

● **营造光影与氛围**。强调光影变化对画面的塑造作用和想要营造的整体氛围，如宁静、神秘、宏大等，如"利用清晨的侧光展示森林中的迷雾，光线透过茂密的枝叶，形成一道道金色的光束，迷雾在林间缭绕，给人一种神秘而梦幻的感觉，仿佛进入了童话世界"。

技能练习

请你使用 Runway 中文站生成一条关于四姑娘山的自然风光视频，要求如下。

（1）重点展示四姑娘山的主峰——幺妹峰，以及周围的三座姊妹峰。强调其独特的雪山风光、高山草甸、冰川遗迹和原始森林等自然景观。

（2）秋季拍摄，展现出五彩斑斓的秋叶与雪山相映成趣的画面。

（3）使用温暖的日出光线或柔和的日落余晖来增强画面的情感表达。

（4）采用延时摄影记录日出日落的变化过程；使用无人机航拍展现山脉的全貌及地形起伏；利用微距镜头捕捉植物细节。

（5）从不同角度和高度进行拍摄，如从山顶俯瞰全景、在山谷中仰视山峰等多样化的视角。

5.2.4　生成科幻想象类视频

科幻想象类视频是一种以科幻元素为核心，通过视觉特效、创意剧情和未来科技设定来吸引目标受众的视频内容。这类视频通常以探索未知的宇宙、时间旅行、外星生物、未来社会等为主题，旨在激发目标受众对未来和科技的想象与思考。

视频创作者创作科幻想象类视频时，要求情节构思巧妙、画面描述生动，能够充分激发目标受众的想象力与好奇心，让目标受众仿佛置身于一个超越现实的奇幻世界。因此，在使用AIGC工具生成科幻想象类视频时，需要向AIGC工具准确提供故事背景、角色设定及视觉风格等信息，以确保视频能够呈现出独特的科幻氛围。下面是使用即梦AI根据提供的提示词示例和设置的参数生成科幻想象类视频的效果展示。

案例提示	效果展示

案例提示

提示词示例：在一个高科技实验室中，巨大的量子传送门装置缓缓启动，周围环绕着复杂的能量线圈和控制台，当传送门开启时，内部出现耀眼的光芒漩涡，空间仿佛被扭曲。

AIGC工具选择：即梦AI

视频时长：5s

比例：16∶9

1. 科幻想象类视频的特点

科幻想象类视频通过展现超乎想象的未来景象和奇妙故事带给目标受众震撼的体验，既满足了他们对未知的好奇，也点燃了他们对探索未来的热情。

● **想象力丰富**。科幻想象类视频往往可以突破现实世界的限制，创造出令人惊叹的科幻场景，如外星球、时间旅行等。

● **视觉效果突出**。科幻想象类视频通常采用高质量的视觉效果，这些视觉效果不仅增强了视频的观赏性，还使得科幻场景更加逼真和生动。

● **主题深刻**。科幻想象类视频不仅追求视觉上的震撼，还常常探讨科技与伦理、人性与社会等深刻主题，这些主题使得科幻想象类视频在具有娱乐性的同时，也具有一定的思想性和教育性。

● **情节引人入胜**。科幻想象类视频的情节通常引人入胜，充满悬念和转折。同时，这些视频还常常会通过科幻元素来推动情节的发展，从而使得整个视频内容更加紧凑和有趣。

● **类型多样**。科幻想象类视频的类型较为多样，包括科幻电影、科幻动画、科幻短视频等，这些不同类型的视频在表现形式和风格上各有特色，可以满足不同目标受众的审美需求。

● **科学元素与幻想相结合**。科幻想象类视频中的科幻元素往往基于现有的科学原理和科学成就进行幻想和延伸，使得整个视频内容具有一定的科学性和可信度。

2. 科幻想象类视频的提示词设计要点

生成科幻想象类视频时，引人入胜的故事线、令人震撼的视觉特效，以及深刻的思想内涵，这些都是构成科幻想象类视频不可或缺的要素。因此，视频创作者在设计科幻想象类视频提示词时，需要考虑以下要点。

● **设定背景**。清晰描绘视频所处的未来时空、异世界或特殊科幻情境，包括科技发展水平、社会结构、地理环境等关键要素，如"构建一个3050年的地球，人类已经实现星际旅行，城市漂浮在空中，能源来自于一种新型的量子晶体，社会由高度智能化的中央计算机管理，地面被改造为巨大的生态保护区，居住着各种基因改造生物"。

● **设定人物形象**。设定主要人物的身份、性格、外貌特征及特殊能力或技能，使其在科幻背景下具有鲜明的个性和独特的魅力，如"主角是一名拥有超强记忆力和数据处理能力的女科学家，她身穿一件带有智能感应系统的白色实验袍，能够根据环境变化调节温度和防护等级"。

● **构思故事情节**。构思富有吸引力和逻辑性的故事情节，包括冲突、挑战、目标和解决方案等，以推动视频故事的发展，如"在这个未来世界，一种神秘的病毒开始在星际蔓延，艾丽所在的科研团队接到任务，需要深入病毒爆发的核心区域，寻找病毒的源头并研制出解药"。

● **明确视频风格**。明确视频的整体视觉风格，如赛博朋克、星际漫游、机械美学等，如"采用赛博朋克风格，画面以暗色调为主，城市中充满了霓虹灯闪烁的高楼大厦、飞驰而过的磁悬浮列车和全息投影广告"。

● **运用镜头语言**。说明镜头的拍摄手法、运动方式和视角选择，以营造出紧张刺激、神秘莫测或宏大壮观的视觉效果，如"开场采用俯瞰镜头展示整个漂浮城市的全景，然后切换到主角的特写镜头，突出她坚定的眼神。在追逐场景中，运用快速的跟拍镜头和频繁的视角切换，增加紧张感。当展示宇宙星空时，使用缓慢的旋转镜头和拉远镜头，呈现出浩瀚宇宙的宏大与神秘"。

技能练习

请你使用360AI视频生成一条关于未来世界的科幻视频，要求如下。

（1）故事设定在4350年的地球，一个科技高度发达但环境受到严重破坏的世界，主要场景包括高科技城市、废弃的工业区及重建中的自然保护区。

（2）一位科学家走在高科技城市的街道上，她戴着智能眼镜，通过智能界面查看最新的环境数据。

（3）以冷色调为主，辅以高对比度的光影效果。色彩上可以使用蓝色、灰色和绿色来突出科技感。

（4）通过全景镜头展示自然景观恢复的情景，以及废弃工业区的荒凉景象，以形成强烈的视觉对比。

5.2.5　生成新闻资讯类视频

新闻资讯类视频是指传递新闻和资讯等媒体内容的视频。这类视频通常包含最新的新闻报道、时事分析、热点事件追踪、政策解读、社会现象观察等内容，旨在让目标受众快速了解国内外发生的重大事件和新闻动态。新闻资讯类视频覆盖了广泛的主题，包括但不限于政治、经济、科技、文化等。

创作新闻资讯类视频的关键在于迅速捕捉社会热点与时事动态，并以清晰的逻辑和独特的视角来呈现新闻事件。因此，在使用AIGC工具生成新闻资讯类视频时，需要向AIGC工具准确提供新闻的要点、报道的角度等信息，使AIGC工具能够依据这些信息创作出具有新闻价值的内容。下面是使用讯飞智作制作的新闻资讯类视频的效果展示。

案例提示

AIGC工具选择：讯飞智作

尺寸：16：9

分辨率：1080P

视频编码：默认

字幕：开启

语种：普通话

效果展示

1. 新闻资讯类视频的特点

新闻资讯类视频不仅继承了传统新闻严谨、迅速、真实的优点，更在此基础上融入了现代视觉艺术与技术创新的元素，从而形成了一种具备鲜明时代特征的独特风格。

● **时效性**。新闻资讯类视频强调"新"，即信息的时效性，它们通常会在事件发生后尽快制作并发布，以确保目标受众能够在第一时间获取新闻资讯。

● **真实性**。真实性是新闻资讯类视频的底线，视频内容必须基于事实，准确反映事件的实际情况，避免夸大或歪曲事实。

● **客观性**。新闻资讯类视频应尽可能保持客观中立的态度，避免个人主观情感的干扰，让目标受众自行判断事件的性质和影响。

● **直观性**。新闻资讯类视频通过图像、声音和文字的有机结合，使目标受众能够直观地了解新闻事件的现场情况、人物表现等。

● **丰富性**。新闻资讯类视频的内容涵盖了政治、经济、文化等多个领域，满足了目标受众对于不同类型新闻信息的需求。

● **互动性**。随着社交媒体和互联网的发展，新闻资讯类视频逐渐具备了互动性。目标受众可以通过评论、点赞、分享等方式参与讨论，表达自己的观点和看法。

● **精练性**。鉴于目标受众的时间有限，新闻资讯类视频通常追求内容的精练和表达的简洁，需要在有限的时间内尽可能准确地传递新闻信息，避免冗长和无关紧要的细节。

● **社会责任性**。新闻资讯类视频作为信息传播的重要渠道，承担着一定的社会责任，它们需要关注社会热点、反映民生问题、引导舆论方向等，为社会的和谐稳定和健康发展贡献力量。

2. 新闻资讯类视频的提示词设计要点

要想生成高质量的新闻资讯类视频，视频创作者就要确保信息的时效性、准确性和全面性，并对新闻事件有清晰、深入的理解，同时注重视频的视觉效果和叙述逻辑，使得目标受众能够快速获取所需信息。因此，视频创作者在设计新闻资讯类视频提示词时，需要考虑以下要点。

● **明确核心事件**。指出要报道的具体新闻事件，让生成的视频围绕该事件展开，如"报道2024年成都马拉松比赛的详细情况"。

● **突出重点**。确定事件中较重要的方面或角度，使视频内容更具针对性，如"着重展现成都马拉松比赛中选手们的拼搏精神及赛事的组织保障工作"。

● **核实事实依据**。强调所依据的信息来源可靠，确保视频内容的真实性，如"基于权威媒体报道和官方数据，介绍本次成都马拉松比赛的参赛人数、完赛率等具体数据"。

● **避免主观倾向**。引导 AIGC 工具生成客观中立的内容，确保新闻资讯的客观性，如"以客观视角呈现成都马拉松比赛中不同选手的表现，不添加主观评价和情感色彩"。

● **构建框架**。设计视频的整体结构，使视频层次分明、逻辑连贯，如"开头介绍成都马拉松比赛的背景和意义，中间详细报道比赛过程和亮点，结尾总结赛事成果和影响"。

● **组织信息**。按照重要性、时间顺序或逻辑关系等安排内容，让信息的呈现更有条理性，如"先报道专业选手的冲刺瞬间，再展现业余选手的参与热情"。

● **描述具体场景**。具体描述应展现的场景和画面，以增强视频的视觉吸引力，如"拍摄成都马拉松比赛起点处人群聚集、选手热身的热闹画面，以及比赛途中选手们在不同地标建筑旁奔跑的场景"。

● **强调时效**。明确视频的发布时间和对时效的要求，以确保新闻的时效性，如"制作并发布一条关于 2024 年成都马拉松比赛当天的新闻资讯视频，及时报道比赛结果和最新动态"。

技能练习

请你使用讯飞智作制作一条关于"人工智能在医疗诊断中的应用取得突破性进展"的新闻资讯视频，要求如下。

（1）详细介绍某项具体的人工智能技术或系统如何在医疗诊断中取得显著的突破，同时强调这项技术或系统的应用领域，以及它所带来的潜在影响。

（2）引用权威的研究报告、学术期刊文章或官方发布的统计数据作为支撑材料。

（3）通过采访实际受益的医生或患者，分享他们的真实体验和感受，增强报道的真实性。

（4）前往医院或研究机构进行实地拍摄，记录医生使用人工智能技术或系统的过程，增加报道的可信度。

5.2.6 生成教育培训类视频

教育培训类视频通常以视频为主要载体，巧妙地结合视觉和听觉元素，为目标受众营造出一个直观且生动的学习环境，使他们能够通过观看视频轻松获取知识和技能。这类视频凭借其独特的优势，被广泛地应用于各种教育场景中，无论是系统性的学校教育、针对性的职业培训，还是广泛的语言学习等领域，都可见其身影。

创作教育培训类视频的关键在于精准捕捉学习群体的核心需求，同时以条理清晰的框架和启发性的教学方法来展现教学内容。因此，在使用 AIGC 工具生成教育培训类视频时，需要向 AIGC 工具准确提供教学的主题、采用的教学方法，以及期望达到的学习成效等信息，使 AIGC 工具能够依据这些信息创作出富有教育意义的内容。下面是使用腾讯智影制作的教育培训类视频的效果展示。

案例提示

AIGC工具选择：腾讯智影

画面比例：16：9

模式：PPT模式

字幕：开启

扫码查看

效果展示

1. 教育培训类视频的特点

教育培训类视频凭借教育性、系统性、针对性等特点使其在教育领域中发挥着重要的作用，并成为连接传统教育与新兴教育的重要桥梁。

● **教育性**。这是教育培训类视频的核心特点，其内容设计需以教育为核心，提供知识、技能或传授价值观。

● **系统性**。教育培训类视频通常会按照一定的知识体系或技能训练步骤进行组织，以确保目标受众能够循序渐进地掌握所学内容。

● **针对性**。针对不同的目标受众，如学生、职场人士等，教育培训类视频的内容和表达方式会有所不同。

● **生动性**。为了提高学习兴趣和优化学习效果，教育培训类视频往往会采用生动的案例、有趣的动画、清晰的图表等元素。

● **实用性**。教育培训类视频的内容往往与实际应用紧密结合，确保目标受众能够学以致用。

● **重复性**。教育培训类视频可以重复观看，便于目标受众复习和巩固知识点。

● **便捷性**。目标受众可以根据自己的时间安排进行学习，不受地点限制。

● **更新性**。随着知识体系不断更新换代，教育培训类视频也需要不断更新，以保持内容的时效性和前沿性。

● **规范性**。在内容制作上，教育培训类视频需要符合国家的教育标准和行业规范，传递正确的价值导向。

2. 教育培训类视频的提示词设计要点

视频创作者要想使用 AIGC 工具生成高质量的教育培训类视频，就需要设计明确、具体的提示词，从而确保制作出的视频内容条理清晰、逻辑连贯。因此，视频创作者在设计教育培训类视频提示词时，需要考虑以下要点。

● **明确教育主题与目标受众**。明确视频的教育主题，如数学、英语语法、绘画技巧等，同时确定目标受众的年龄范围、学习水平（初级、中级、高级）等特征，如"为初中二年级学生制作关于一元二次方程求解的数学教学视频，帮助他们理解方程的概念、解法及应用"。

● **针对核心要点**。详细列出需要涵盖的核心知识要点、概念、原理、公式等，确保内容完整且系统，如"在英语语法教学视频中，重点讲解形容词比较级和最高级的构成规则，以及不规则变化的形容词，并通过大量例句展示形容词的用法"。

● **提出视觉要求**。对视频的视觉效果提出要求，如画面清晰、简洁，重点内容突出显示，使用合适的图表、图片、动画等辅助工具来解释复杂概念，如"在物理力学教学视频中，利用动画演示物体的运动过程、受力分析，用图表对比不同情况下力的大小和方向变化，文字说明部分采用简洁明了的排版，重要公式用醒目的黄色字体标注在屏幕上，方便目标受众观看和记录"。

● **规划视频时长**。根据内容的重要性和难易程度分配时间，控制整体教学节奏，如"制作一个时长为 8 秒的篮球投篮技巧短视频，前 2 秒快速展示投篮的标准姿势和发力要点，接下来的 4 秒通过慢动作回放详细解析投篮时的手臂动作、手腕翻转及身体协调，最后 2 秒总结投篮技巧的关键点，并鼓励目标受众多加练习以提高命中率"。

> **技能练习**
>
> 请你使用 360AI 视频生成一条关于制作家常菜宫保鸡丁的教学视频，要求如下。
>
> （1）目标受众为对中餐烹饪有兴趣的家庭主妇/夫、美食爱好者，以及想要学习烹饪技能的年轻人。
>
> （2）确保视频画面清晰，并使用多个拍摄角度来展示关键操作步骤，如切配、翻炒等，以便目标受众能够清楚地看到相关细节。
>
> （3）背景环境应干净整洁且具有厨房氛围，避免出现分散注意力的元素。

5.3　利用AIGC工具剪辑视频与优化影像

随着视频内容创作需求的增长，以及 AI 技术的不断进步，依托于 AI 技术的 AIGC 视频剪辑与优化工具不断涌现。通过自动化、智能化的手段，这些 AIGC 工具能够迅速解析并优化视频，可以进行剪辑拼接、速度调整、特效添加、智能抠图等操作。AIGC 工具的应用极大地减轻了视频创作者对专业经验的依赖，显著提升了视频剪辑及处理的效率与质量。

5.3.1　智能剪辑

智能剪辑是众多 AIGC 视频剪辑与优化工具都会提供的一项基本功能，它可以自动分析视频内容、识别最佳剪辑点并裁剪视频片段，同时还可以在此基础上进一步智能优化视频，如色彩校正、亮度调整等。这项功能不仅极大地提升了视频制作的效率，更赋予了视频创作者前所未有的灵活性。在智能剪辑的助力下，即便是没有专业剪辑经验的用户，也能轻松制作出富有创意的视频作品。下面以剪映为例，介绍智能剪辑视频的方法，具体操作如下。

微课
智能剪辑

（1）打开剪映专业版，单击"开始创作"按钮，在打开的页面中单击"导入"按钮，上传需要剪辑的视频，如图 5-7 所示。

（2）将视频素材拖动到下面的轨道中，然后在轨道中的视频素材上单击鼠标右键，在弹出的快捷菜单中选择"智能镜头分割"命令，此时软件将开始自动分析视频内容，并根据镜头变化来分割视频，如图 5-8 所示。

图 5-7

图 5-8

（3）单击"特效"选项卡，选择"录制边框"选项，将其拖动到轨道中，再将其适用范围调整至视频末尾，如图 5-9 所示。

（4）单击"转场"选项卡，选择"拍摄器"选项，将其拖动到轨道中第 1 段视频片段与第 2 段视频片段之间，再使用同样的方法在其他分割的视频片段之间添加同样的转场，如图 5-10 所示。

（5）单击"开始"按钮▶，预览添加特效和转场后的视频效果，确认无误后单击 导出 按钮，将其保存到计算机中。

图5-9

图5-10

5.3.2　文本配音

文本配音是指利用特定的技术将书面文本转换为自然流畅的语音音频的过程。在视频创作中，文本配音可以使视频内容变得更加生动、立体，从而极大地提升目标受众的观看体验。同时，文本配音通过为视频增添声音元素，可以让画面与声音相得益彰，通过语调、语速的变化，还能准确地表述出特定的情绪，增强视频的感染力。下面以讯飞智作为例，介绍为文本配音的方法，具体操作如下。

微课

文本配音

（1）在浏览器中搜索"讯飞智作"，进入其应用页面后，将鼠标指针移至"讯飞配音"选项卡上，在弹出的下拉列表中选择"AI配音"/"立即制作"选项，如图5-11所示。

图5-11

（2）在下方的文本输入框中输入或粘贴需要配音的文本内容，然后单击配音主播头像，在弹出的面板中单击"领域"选项卡，在弹出的下拉列表中选择"科普分享"选项，接着在下方的筛选结果中选择"小果"选项，最后适当设置主播语速、主播语调、音量增益等参数，并单击 使用 按钮，如图5-12所示。

图5-12

（3）单击"多音字"按钮 ，在弹出的面板中，系统将自动识别文本中的多音字并将多音字标注为红色，单击标注为红色的多音字，系统将在该多音字下方显示多个读音，单击相应的读音可以进行多音字读音的切换，如图5-13所示。

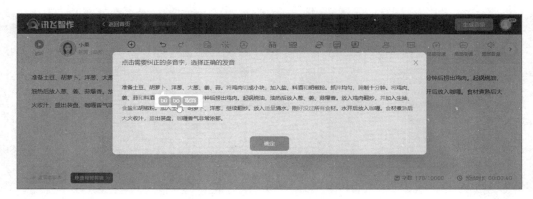

图 5-13

（4）选择正确的读音后，单击 确定 按钮，然后将文本插入点定位到文本中第一个句号的右侧，单击"停顿"按钮，在弹出的下拉列表中选择"0.5 秒"选项，如图 5-14 所示。

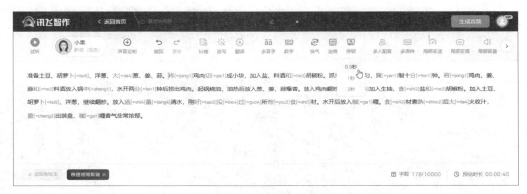

图 5-14

（5）除文本中最后一个句号外，在其他句号右侧均添加 0.5 秒的停顿，然后选择所有文本，单击"局部变速"按钮，在弹出的面板中将滑块划至"60"处，如图 5-15 所示，完成后单击 确认 按钮。

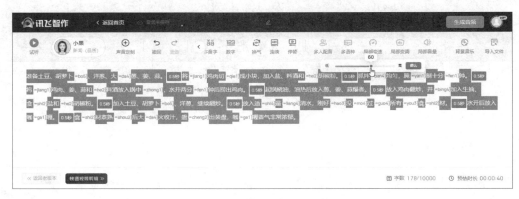

图 5-15

（6）单击"背景音乐"按钮，在弹出的面板中单击"短视频"选项卡，在下方的搜索结果中选择"轻松欢快音乐 8（Funny Whistle）"选项，完成后单击 使用 按钮，如图 5-16 所示。

（7）单击"试听"按钮，试听配音效果，然后单击 生成音频 按钮，将该音频命名为"美食制作音频"，再将其以 MP3 格式进行保存。

图5-16

（8）单击左下角的 <kbd>快速视频剪辑 ≫</kbd> 按钮，打开视频编辑页面，单击"我的素材"按钮 ▶，上传需要添加配音的视频素材，然后进行简单处理，使音频与视频画面更加贴合，完成后单击 <kbd>制作视频</kbd> 按钮，如图5-17所示，生成视频并下载。

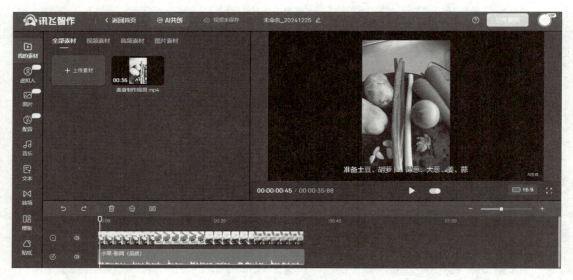

图5-17

5.3.3 智能去水印

智能去水印是指利用先进的算法和技术自动识别以去除图片或视频中的水印。在视频制作领域，智能去水印功能会先逐帧解析视频画面，识别出每一帧画面里水印呈现的规律，如水印在画面中的固定位置、大小、透明度变化等情况，然后基于深度学习的图像重建算法逐帧处理水印区域，使处理后的视频几乎看不见水印，且尽可能保持视频整体的画质和流畅度。下面以360AI视频为例，介绍智能去除视频水印的方法，具体操作如下。

微课
智能去水印

（1）在浏览器中搜索"360AI办公"，进入其应用页面后，选择"AI视频"选项，再在右侧选择"视频去水印"选项，如图5-18所示。

图5-18

（2）上传需要去水印的视频，然后调整定界框大小，确定水印范围，最后单击 立即生成 ♣60豆 ⓘ 按钮，如图5-19所示。

图5-19

（3）耐心等待片刻后，360AI视频将显示去除水印后的视频画面，如图5-20所示。

图5-20

（4）如果该视频去除水印的效果达到了预期，则单击 <kbd>↓ 下载</kbd> 按钮下载保存。否则单击"继续处理"超链接，在处理后的视频基础上继续处理；或是单击"重做"超链接，让软件重新去除水印。

5.3.4 智能抠像

智能抠像是指利用先进的图像处理算法和机器学习技术，自动从图片或视频中分离出前景对象并舍弃背景的技术。智能抠像可以逐帧分析视频画面，精准跟踪主体在不同帧中的位置、形态变化等，即便主体在运动过程中出现遮挡、光影变化等复杂情况，它依然能够持续稳定地把主体从背景中分离出来，并保证抠像的连贯性和准确性。下面以 360AI 视频为例，介绍智能抠取视频图像的方法，具体操作如下。

微课

智能抠像

（1）在"360AI 视频"主页面中选择"智能抠像"选项，然后在打开的页面中上传需要抠取图像的视频，并单击 <kbd>立即生成 🌑60豆 ⓘ</kbd> 按钮，如图 5-21 所示。

图 5-21

（2）抠除视频背景后，单击"更多"超链接，在弹出的"素材库"面板中单击"自然风景"选项卡，在下方的搜索结果中选择"黄色飘落唯美秋天"选项，然后单击 <kbd>导入当前项目</kbd> 按钮，如图 5-22 所示。

图 5-22

（3）查看替换背景后的视频效果，如图5-23所示，然后单击 按钮，下载视频。

图5-23

5.3.5　视频翻译

视频翻译是指运用特定的技术，将视频中语音的语言转换为另一种语言的过程，这项功能广泛应用于影视娱乐、教育培训、企业宣传等多个领域，旨在打破语言障碍，使目标受众都能够无障碍地理解视频内容。在AIGC技术的不断发展下，视频翻译的过程已变得越来越高效。下面以360AI视频为例，介绍视频翻译的方法，具体操作如下。

微课

视频翻译

（1）在"360AI视频"主页面中选择"视频翻译"选项，然后在打开的页面中上传需要翻译语言的视频，接着选择原语言和翻译后的语言，最后单击 立即生成 按钮，如图5-24所示。

图5-24

（2）虽然视频中的字幕仍是中文，但语音的语言已转换为英语，此时可单击 下载视频 按钮，将翻译后的视频下载到计算机中，如图5-25所示。如果视频画面中有完整的人脸，则可单击 口型适配 按钮，使声音与口型相吻合。

图5-25

5.3.6　数字人播报

　　数字人播报是一种利用AI、计算机图形学等前沿技术打造的新型信息传播方式。数字人可以根据不同需求进行高度定制，从外貌特征、衣着风格到肢体语言、语音语调都能精准设定，以契合各种播报场景与目标受众偏好。目前，数字人播报已经在媒体、娱乐、教育等多个领域得到广泛应用，并且随着技术的进步，其真实感和互动性也在不断提升。下面以腾讯智影为例，介绍制作数字人播报的方法，具体操作如下。

微课

数字人播报

　　（1）在浏览器中搜索"腾讯智影"，进入其应用页面后，单击"数字人播报"超链接，如图5-26所示，进入"数字人播报"制作页面。

图5-26

（2）在页面右侧输入需要播报的内容，然后在页面左侧单击"数字人"按钮🗨️，在"预置形象"栏中选择合适的数字人，如选择"雨泽"选项，接着选择数字人形象，在"数字人编辑"栏中为其应用黑色的服装，如图5-27所示。

图5-27

（3）单击"我的资源"按钮📁，再单击 ⬆️本地上传 按钮，上传视频素材，然后添加该视频到内容编辑区，接着选择该视频，调整其缩放比例为"100%"，在该视频上单击鼠标右键，在弹出的快捷菜单中选择"下移一层"命令，如图5-28所示。

图5-28

（4）拖动轨道中的视频，使其结尾处与音频结尾处相齐平，再单击"字幕样式"选项卡，在"预设样式"栏中选择第一排第三个样式，然后预览效果，单击 合成视频 按钮即可合成视频，如图5-29所示。

图5-29

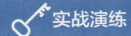
实战演练

任务1　利用即梦 AI 将老照片变为动态视频

照片是时间的印记，能够记录某个特定时刻的人物、事件与景物，而将照片变为动态视频，则可以让这些静止的照片"活"起来。借助 AIGC 工具，我们可以精准捕捉照片中的每一个细微之处，如人物眼神的微妙变化、衣袂的轻轻飘动，甚至是环境中光影的细腻流转等，从而赋予画面以动态美和连贯性。

1. 需求分析

周末，小秦在家中进行大扫除时，意外地在旧抽屉底部发现了一张泛黄的老照片，照片上是她爷爷和奶奶年轻时相互依偎的场景。这张照片的出现瞬间触动了小秦的心弦，让她仿佛穿越回了那段纯真而又美好的岁月。为了留住这份珍贵的记忆，并让它以更加生动的方式呈现，小秦决定利用 AIGC 工具将这张承载着满满回忆的静态老照片转换成一段充满故事性和情感表达的动态视频，以此来重现爷爷和奶奶当年的青春风采。

2. 思路设计

利用即梦 AI 将老照片变为动态视频时，小秦可以按照以下思路进行设计。

● **确立情感主题**。明确老照片所承载的核心情感，如爱情、亲情、友情等，以此来确定整个视频的情感基调。

● **设计动态效果**。为照片中的人物添加自然流畅的动作，如微笑、眨眼、轻轻摆动等，使人物"活"起来。

● **预览与调整**。检查每一帧的画面效果是否满意，如果发现有不满意的地方，则可以随时修改，直至达到较佳的效果。

● **分享与保存**。确认效果无误后，将视频下载到计算机中。此外，小秦也可以考虑通过社交媒体平台发布作品，给更多人欣赏。

将老照片变为动态视频的最终参考效果如图5-30 所示。

图5-30

3. 操作实现

利用即梦 AI 将老照片变为动态视频的具体操作如下。

（1）在浏览器中搜索"即梦 AI"，进入其应用页面后，在"AI 视频"卡片下方单击"视频生成"超链接，如图 5-31 所示。

微课

利用即梦 AI
将老照片
变为动态
视频

图5-31

（2）打开视频生成页面，在"图片生视频"选项卡下方单击"上传图片"按钮，上传需要动态展示的图片，然后在图片下方的文本框中输入视频的动态描述，如输入"男士微微侧头，温柔地注视着女士，而女士则以更加灿烂的笑容回应，两人之间的情感交流无需言语。"，其他保持默认设置，最后单击 生成视频 按钮，如图 5-32 所示。

图5-32

（3）查看视频的生成效果，如果满意，则将其下载到计算机中，否则更改提示词重新生成。

任务2 利用腾讯智影创建虚拟AI演讲者助力品牌推广

虚拟AI演讲者通常是指利用先进的AI技术，模拟人类演讲者进行品牌推广、信息传播或观点阐述的数字实体。它广泛应用于广告营销、品牌推广、数字展览等多个领域，其核心优势在于通过生动、逼真的语言表达来吸引目标受众的注意力，激发目标受众的兴趣和购买欲望。需要注意的是，我们在设计和运用虚拟AI演讲者时，必须遵守相关法律法规，尊重消费者的权益，传递真实、可信的品牌信息。

1. 需求分析

盛丰有限公司是一家专门从事茶叶种植、加工和销售的企业，为了扩大公司知名度，公司决定制作一则富有创意与吸引力的推广视频，并将这一重要任务交给小孙。为了能在这则视频中展现公司的独特魅力与产品优势，同时吸引目标受众的注意力，小孙准备采用虚拟数字人来作为该推广视频的演讲者。她希望通过虚拟数字人的生动演绎，将盛丰有限公司的茶叶文化、种植工艺、加工流程，以及产品的独特风味等信息以更加直观、有趣且富有科技感的方式呈现给目标受众，让目标受众在观看视频的过程中，对盛丰有限公司的形象和产品留下更加深刻的印象。

2. 思路设计

利用腾讯智影创建虚拟AI演讲者助力品牌推广时，可以按照以下思路进行设计。

● **明确品牌定位**。明确公司的核心价值、特点和市场定位，确保虚拟AI演讲者的形象、语言风格和内容与品牌调性保持一致。

● **明确目标受众**。深入了解目标受众的兴趣、需求和偏好，设计符合其审美的虚拟形象，以使目标受众产生共鸣。

● **策划演讲内容**。根据品牌特点和目标受众的需求策划具有创意和吸引力的演讲内容。演讲内容应简洁明了、易于理解。

● **测试与调整演讲效果**。在正式发布视频前，对虚拟AI演讲者的演讲效果进行全面的测试和调整，确保其符合品牌要求。

● **下载视频**。将制作完成的演讲视频下载到计算机中，以便进行后续的推广。

利用腾讯智影创建虚拟AI演讲者助力品牌推广的参考效果如图5-33所示。

图5-33

3. 操作实现

利用腾讯智影创建虚拟 AI 演讲者助力品牌推广的具体操作如下。

微课

利用腾讯智
影创建虚拟
AI演讲者助
力品牌推广

（1）在浏览器中搜索"Kimi"，进入其应用页面后，上传"产品推广计划" PDF 文件，然后输入提示词"为了方便演讲者更好地进行现场解说，请根据上传的产品推广计划 PDF 文件编写相应的备注解说。"，完成后按"Enter"键获取结果。

Q 为了方便演讲者更好地进行现场解说，请根据上传的产品推广计划 PDF 文件编写相应的备注解说。

产品推广计划
PDF, 5.22 MB

A 当然可以，以下是根据您提供的产品推广计划 PDF 文件中每页内容编写的备注解说：

茶叶 – 产品介绍 · 商业运营

备注：欢迎各位，今天我们将一起探索我们的茶叶产品。这份演示将涵盖产品介绍、商业运营，以及茶园情况、茶叶分类与工艺、茶品口感等多个方面。

目录

备注：我们的演示分为几个部分：首先是茶园情况，然后是茶叶的分类与工艺，接着是茶品口感，最后是茶叶的特点和品鉴。

……

扫码查看

（2）在浏览器中搜索"腾讯智影"，进入其应用页面后，单击"数字人播报"超链接，在打开的页面左侧单击"PPT 模式"按钮，然后单击 上传PPT或PDF 按钮，上传制作好的 PDF 文件，如图 5-34 所示。

图5-34

（3）选择内容编辑区出现的数字人，在左侧单击"数字人"按钮，在"预置形象"栏中选择"慕瑶"选项，接着选择数字人形象，在"数字人编辑"栏中设置其服装为蓝色毛衣，最后适当缩小数字人，并将其置于当前页面的左下角。

（4）在页面右侧"请输入文字"处输入 Kimi 生成的"茶叶 – 产品介绍·商业运营"页在第一张幻灯片的演讲内容，然后单击配音主播头像，在弹出的面板中单击"广告营销"选项卡，选择"星小媛"选项，如图 5-35 所示，单击 确认 按钮。

图 5-35

（5）返回内容编辑页面后，开启"字幕"按钮 ●，再将字幕向下移动，并设置字幕样式为第三排第二个样式，然后单击"保存并生成播报"按钮。

（6）使用同样的方法为当前 PDF 文件中的其他页面添加对应的演讲内容，以及更改页面中数字人的形象、大小和位置，然后试播视频，最后单击 合成视频 按钮合成视频，再将最终视频下载至计算机中。

本章实训

1. 使用剪映生成一条关于四季变化的自然风光类视频，要求表现出春季的生机盎然、万物复苏；夏季的骄阳似火、莲叶满地；秋季的金桂飘香、秋风送爽；冬季的银装素裹、静谧祥和。

2. 使用即梦 AI 将以下图片（见图 5-36）生成为动态视频。

图 5-36

3. 使用艺映 AI 生成一条关于行李箱的介绍视频，再使用 360AI 视频的智能抠像功能抠除视频背景并为其更换一个新背景。

4. 使用腾讯智影制作一条关于预防火灾的教育视频，要求内容充实且易于理解，同时具有一定的视觉冲击力。

还能煮粥、煲汤、蒸菜、制作酸奶等。

为您的厨房生活带来便捷与品质享受

◀ 使用AIGC工具
生成的商品描述
音频

第6章

AIGC音频生成与优化

　　在AI技术飞速发展的背景下，我们见证了从文本、图像到视频等多种形式内容创作方法的创新。而在这一波创新浪潮中，音频内容创作同样没有落后，通过智能算法和深度学习模型，AI技术不仅可以自动生成音频，还能针对不同场景的需求进行音频的个性化定制与优化，从而满足广告营销、影视后期等多领域的需求。

学习引导

	知识目标	素养目标
学习目标	1. 熟悉各种AIGC音频生成与优化工具 2. 掌握在不同场景中运用AIGC工具生成音频的方法 3. 掌握利用AIGC工具优化音频的方法	具备一定的音乐素养和声音感知力，能够评价音频质量，为优化算法提供有价值的反馈
课前讨论	1. AIGC生成音频与传统音频制作方式有何区别？ 2. AIGC生成的音频是否能够与人类创作的音频相媲美？ 3. AIGC音频生成技术的未来发展方向是什么？有哪些新兴领域值得关注？ 4. 普通用户在没有专业知识的背景下，能否轻松运用AIGC音频生成工具生成音频？	

6.1 常用的AIGC音频生成与优化工具

AIGC 音频生成与优化工具是指利用 AI 技术来创建、编辑和增强音频内容的软件或技术平台。这些工具通过自动化或半自动化的方式，简化了从原始数据到最终音频成品的整个制作流程，并为创作者提供了强大的创意支持。随着技术的不断发展，AIGC 音频生成与优化工具的功能也在不断升级和完善。

6.1.1 网易天音

网易天音是网易于 2022 年 1 月推出的集 AI 音乐生成、实时编辑和个性化定制于一体的一站式音乐创作平台。该平台利用先进的 AI 技术，将音乐创作的复杂过程简化为一系列直观、简便的操作，无论是专业音乐人还是音乐爱好者，都能在这个平台中找到属于自己的创作天地。

6.1.2 腾讯TME Studio

腾讯 TME Studio 是腾讯音乐娱乐集团推出的智能音乐创作平台，集 AI 作曲、AI 智能封面、AI 作词辅助、AI 音乐分离、智能曲谱等功能于一体，为创作者提供了从音乐理解、创作灵感激发到作品精细打磨的一站式解决方案。通过智能算法和深度学习技术，腾讯 TME Studio 能够深入理解音乐内容，为用户推荐合适的创作元素，助力用户打造出独一无二的音乐作品。图 6-1 所示为腾讯 TME Studio 的应用页面。

图6-1

6.1.3　魔音工坊

魔音工坊是由北京小问智能科技有限公司开发的一款配音软件，旨在为用户提供一站式的 AI 配音服务。它拥有 800 多款声音，可以覆盖多种风格，且支持多音字、停顿、重读等调音功能，以及逐句试听、文案提取等音频编辑功能。同时，魔音工坊操作便捷，页面简洁明了，用户无需具有专业背景也能轻松使用。图 6-2 所示为魔音工坊的应用页面。

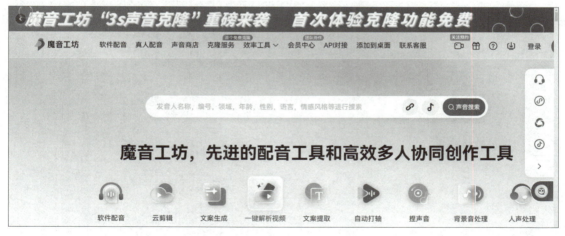

图6-2

6.1.4　Suno AI中文站

Suno AI 中文站是一个高质量的 AI 歌曲和音乐创作平台，旨在通过 AI 技术帮助用户创作音乐。该平台由来自 Meta、TikTok、Kensho 等知名科技公司的团队成员协同开发，其目标是不需要任何乐器工具，让所有人都可以创造美妙的音乐。图 6-3 所示为 Suno AI 中文站的应用页面。

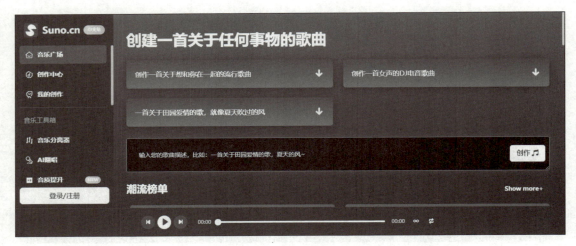

图6-3

6.1.5 Soundraw

Soundraw 是一款由 Tago 公司于 2020 年 2 月推出的在线 AI 音乐生成器，它功能多样，允许用户自由设定风格、节奏与时长等参数，以生成个性化的音乐，且所生成的音乐皆免版税，可应用于影视制作、广告宣传等领域。Soundraw 的应用范围广泛，视频编辑者、音乐制作人、自由职业者等都能利用此音乐生成器为作品打造专属配乐。图 6-4 所示为 Soundraw 的应用页面。

图6-4

6.1.6 Voicemaker

Voicemaker 是一款功能十分强大的文本转语音工具，它能够利用先进的 AI 技术，将用户输入的文字转换成自然且富有情感的语音。该工具支持多语言输出且拥有丰富多样的声音效果，被广泛应用于营销推广、智能办公等领域。图 6-5 所示为 Voicemaker 的应用页面。

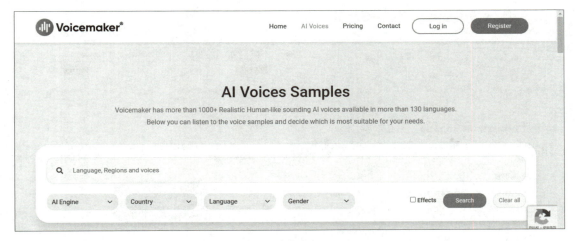

图6-5

6.2　利用AIGC工具生成多场景音频

随着新媒体的蓬勃发展，各个领域对于优质音频的需求均不断增加。基于此，凭借深度学习与音频信号处理技术，各类 AIGC 音频生成工具得以在多种场景下产出丰富多样的音频，如生成扣人心弦的影视配乐、制作生动有趣的动画配音等，从而为听众带来别具一格的听觉享受。

微课

利用AIGC
工具生成
多场景音频

6.2.1　生成旅行音频

旅行音频是指专为旅行者设计或与旅行相关的音频内容，旨在通过声音的引导来丰富和增强旅行者的旅途体验。这类音频可以涵盖各种旅行主题，包括但不限于旅游指南、旅行故事、文化介绍、旅行音乐、安全提示、美食推荐等。

生成旅行音频时，需要综合考虑以下几个因素来确保音频内容丰富、引人入胜且富有感染力。

● **明确主题**。确定音频的主题，是介绍某个国家的文化、某个城市的风景，还是某条旅行线路的体验。

● **明确目标听众**。了解目标听众的兴趣和需求，以便调整内容的深度和广度，以及选择合适的语言和风格。

● **策划特色内容**。首先列出要涵盖的关键景点、活动、美食和文化特色；然后再收集相关的背景信息、历史故事等，使内容更加生动有趣；最后确定内容的顺序和节奏，以确保听众能够轻松跟随。

● **加入旁白和音效**。撰写引人入胜的旁白文案，用生动的语言来描述旅行体验。同时还可以适当地加入音效，以增强听众的沉浸感。

● **考虑文化差异**。介绍不同文化时，应尊重当地的习俗和传统，避免使用冒犯性的语言，保持对多元文化的包容和尊重。

以魔音工坊为例，生成旅行音频时，需要先准备好一段带有介绍性质的文案，然后设置音频的音色、音调、配乐等参数，如图 6-6 所示。

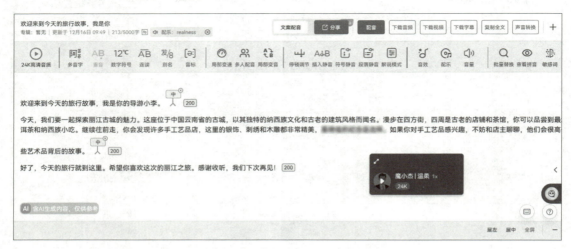

图 6-6

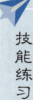

技能练习

请你使用 Voicemaker 生成一段关于重庆的旅游指南，要求如下。

（1）该音频旨在为初次到访重庆的旅游人士提供一份详尽的旅游指南，以帮助他们快速了解重庆的历史文化、美食美景及特色活动。

（2）详细介绍解放碑步行街、洪崖洞等著名景点，同时推荐重庆火锅和重庆小面等地道美食，并提供便捷的出行和住宿建议，以确保游客能充分利用时间享受旅程。

（3）整个音频时长控制在 5～7 分钟之间，分为引言、历史文化篇、美食探索篇、实用信息篇和结尾总结五个部分，每个部分的内容需精练而充实，以确保听众能保持注意力集中。

6.2.2　生成运动音频

运动音频是指专门为运动爱好者设计的音频内容，旨在通过音乐、指导语等方式增强运动体验、激励锻炼者并提供科学的训练建议。这类音频可以是专门的播客、有声书、教练指导课程或背景音乐，通常与特定类型的运动相匹配，如跑步、瑜伽、力量训练等。

生成运动音频时，需要考虑音乐节奏、歌曲风格、歌词内容等关键要素。

● **把握音乐节奏与速度**：运动时，人们往往需要激励和动力。因此，生成具有快节奏的音乐更能调动运动者的情绪。例如，电子舞曲、摇滚或流行音乐中的节奏感强的歌曲通常是不错的选择。

● **明确歌曲风格**：不同的运动类型可能适合不同风格的音乐。例如，跑步时可能更适合节奏明快的流行音乐或电子音乐；而在瑜伽或冥想时则可能需要更柔和、平静的音乐，如古典乐、轻音乐。

● **积极向上的歌词内容**：如果音乐包含歌词，则要确保歌词内容积极向上，能够激励人心。避免使用带有消极情绪或不当内容的歌词，以免影响运动者的心情。

● **注重个性化：**每个人的音乐喜好不同，因此在生成运动音频时，最好提供多样化的选择，以满足不同用户的个性化需求。

以腾讯 TME Studio 为例，生成运动音频时，可以单击情绪、乐器、风格、场景等标签，并在弹出的下拉列表中进行相应的选择，如图 6-7 所示。

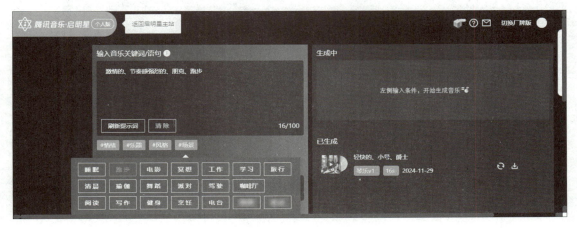

图 6-7

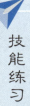

技能练习

请你使用网易天音生成一段用于冥想的纯音乐，要求如下。

（1）确保音乐具有舒缓、宁静的特点，避免出现过于复杂或节奏强烈的音乐元素。

（2）音乐应传达出平和、放松的情感，帮助听众迅速进入深度放松的状态。

（3）音乐持续时长在20 ～ 30分钟，足以支撑一次完整的冥想过程。

6.2.3　生成影视音频

影视音频是指专门运用在电影、电视剧、纪录片等视听作品中的音频，包括对白、音乐和音效等类型。这些音频共同作用，可以达到增强故事叙述效果、营造氛围、传递情感并提升受众沉浸感的目的。

生成影视音频时，需要综合考虑画面氛围、情节发展与角色情感等要素，从而营造出能够与画面相得益彰的效果。总的来说，主要有以下几点。

● **理解故事**。深入理解剧本和故事背景，确保音频能够贴合情节发展，增强叙事效果。

● **匹配情感**。根据角色情感选择合适的音乐风格，如紧张、悲伤、欢乐等，以强化受众的情感体验。

● **营造氛围**。利用环境音效、背景氛围音等元素构建场景氛围，使受众仿佛身临其境。

● **适配角色**。为不同角色设计符合其性格特点的声音效果或对白风格，增加角色个性及辨识度。

● **控制音频参数**。调整音频的响度、节奏和强度等属性，使之与画面的动作和节奏变化相匹配，保持视听同步。

以 Soundraw 为例，生成影视音频时，可以先设置音频的时长、风格、主题等，然后上传视频，查看音频与视频的适配度，如图 6-8 所示。

图6-8

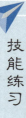

技能练习

请你使用 Suno AI 中文站生成一段用于科幻片的影视配乐，要求如下。

（1）针对科幻片的特点选择能够体现未来感、科技感和宇宙广袤感的音乐风格。

（2）根据具体场景的需求合理规划配乐的长度。对于较长的叙事段落，可以设计多段连续但有变化的音乐；对于短促的转折情节，则可以设计简短的音乐。

（3）尝试加入一些具有创新性的音乐元素，如无人声合唱、机械音效等。

6.2.4 生成古风音频

古风音频是指以中国古代文化为背景，融合古典诗词朗诵、历史故事讲述等内容的音频作品。

生成古风音频时，重点在于"古"字，因此在选择音乐元素、设计音效等方面都需要注重古代元素的融入。

● **选择具有特色的音乐元素**。古风音频的核心在于其音乐性。选择具有传统特色的乐器，如古筝、琵琶、二胡、笛子等，以及传统的五声音阶或七声音阶，能够为音频增添浓厚的古风色彩。同时，音乐的节奏和旋律也应符合古代音乐的特点，以营造出古朴、典雅的氛围。

● **添加音效**。使用自然音效，如风声、雨声、鸟鸣等，可以模拟自然环境中的声音。此外，还可以加入一些体现古代生活特点的音效，如马蹄声、钟鼓声等，使音频更加生动真实。

● **注重歌词内容**。在生成古风音频时，使用带有意象和意境的关键词，如"明月""流水""古道""落花"等，通过这些富有诗意的词汇，赋予音频作品深厚的文化内涵和丰富的情感色彩，提升音频作品的艺术效果。

● **构思创意**。可以结合古代故事或历史事件来编排和重组音乐、音效、诗词等元素，从而创造出具有独特魅力和个性化的古风音频作品。

以网易天音为例，生成古风音频时，可以先输入歌曲的关键词，然后再设置音频的段落结构、音乐类型等参数，如图6-9所示。

图6-9

请你使用腾讯TME Studio生成一段古风音频，要求如下。

（1）音频中需要体现古筝、琵琶、二胡、笛子等中国传统乐器元素，以此来增强古风氛围。

（2）旋律应较为舒缓、优雅，强调自然流畅和意境营造，避免过于复杂的节奏变化。

（3）加入流水潺潺、鸟鸣山幽等自然声音，营造出宁静致远的氛围，使听众仿佛置身于古代园林或山水之间。

6.3　利用AIGC工具处理音频

AIGC技术不仅能自动识别并修复音频中的噪音、杂音，还能依据特定的需求对声音进行精细调控，使音频更加清晰、动人且富有感染力。这些功能的整合与升级使得AIGC音频处理工具成为音乐制作人、视频创作者的得力助手。

微课

利用AIGC
工具处理
音频

6.3.1　音乐分离

音乐分离是一种将包含多种声音元素的混合音频信号，按照不同的声音来源或特征进行分解，以提取出音乐的各个组成部分的技术。在浏览器中搜索"腾讯TME Studio"，进入其应用页面后，单击"AI音乐分离"选项卡，在打开的页面中导入需要分离人声或背景音乐的音频，然后单击"音乐分离"按钮，若在弹出的下拉列表中选择"声伴分离"选项，则可以单独分离人声和伴奏；若选择"多轨分离"选项，则可以将音频中的不同乐器或声音元素分别提取出来，如图6-10所示。

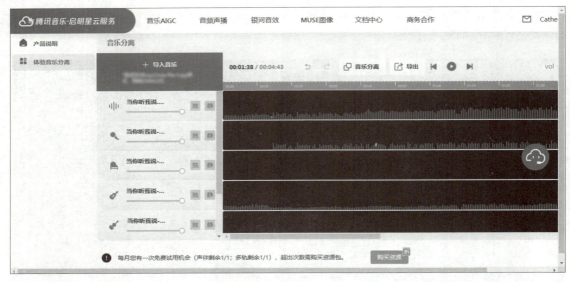

图6-10

6.3.2　AI作词

　　AI作词是指利用AI技术自动生成歌词，它依托于大数据分析与机器学习算法，能够从海量的音乐作品中提炼出旋律、节奏、情感等关键要素，进而模拟人类创作歌词的思维过程。在浏览器中搜索"网易天音"，进入其应用页面后，单击"AI作词"选项卡，在打开的页面中选择"AI作词"选项，然后在展开的页面中输入关键词灵感或随笔灵感，单击 开始AI作词 按钮，可使AI在提供的关键词灵感或随笔灵感的基础上进行自由创作，如图6-11所示。

图6-11

6.3.3　AI作曲

　　AI作曲是指利用AI技术自动生成音乐旋律与和声结构，这一技术同样建立在机器学习和大数据分析的基础之上。但相较于AI作词，AI作曲则需要创作者能够拥有极为全面的乐理知识。在浏览器中搜索"网易天音",进入其应用页面后,单击"AI编曲"选项卡,在打开的页面中选择"自由创作"选项,然后在打开的页面左侧设置前奏、主歌、副歌、间奏、桥段、尾奏等段落结构;也可以将页面右侧提供的和弦或曲谱拖到中间的编辑区域,并适当调整,如图6-12所示。

图6-12

6.3.4　AI智能封面

AI智能封面是指利用AI技术自动生成的音频文件封面。在浏览器中搜索"腾讯TME Studio",进入其应用页面后,选择"AI智能封面"选项卡,在下方的"工具A"栏中通过添加音频文件和歌词文件,使AI自动生成封面;或者在"工具B"栏中通过输入关键词,使AI自动生成封面,如图6-13所示。

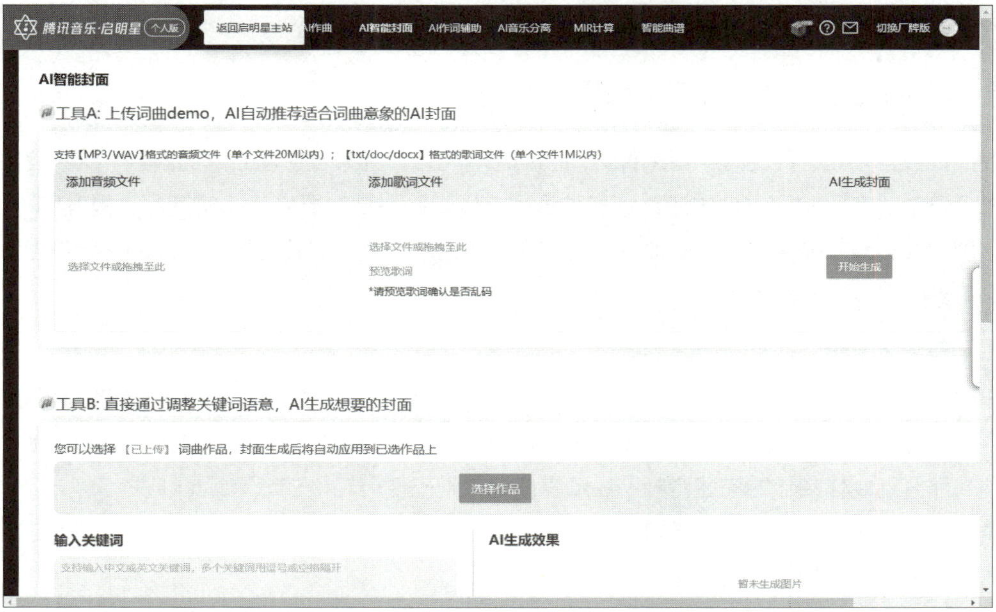

图6-13

6.3.5 捏声音

捏声音是一项基于 AI 技术的创新功能，它允许用户通过简单的操作，如输入描述性的文字或调整预设的参数来"捏造"或定制出独特的声音效果，从而为各种创作场景增添更多的可能性和创意性。在浏览器中搜索"魔音工坊"，进入其应用页面后，将鼠标指针移至"效率工具"选项卡上，在弹出的下拉列表中选择"捏声音"选项，在打开的页面中单击"文字生成"选项卡，然后在下方的"声音描述"文本框中输入对声音的详细描述；或者单击"参数生成"选项卡，然后在下方依次设置性别、年龄、风格等参数，如图 6-14 所示。

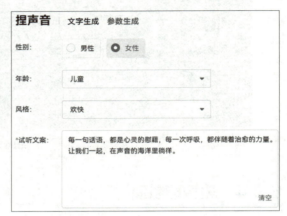

图 6-14

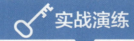 实战演练

任务　利用魔音工坊生成商品描述音频

商品描述音频是一种通过声音来传达商品信息、特点、优势及使用方法的音频。这种音频通常用于电商营销、在线教育、广告活动等多种场景，以帮助消费者更好地了解商品，提升购物体验。通过这种方式，商家能够以一种更加直观且富有感染力的方式向消费者展示商品的独特魅力，以引导消费者更加深入地了解商品。

1. 需求分析

小吴是某家大型超市的负责人，她发现顾客在购买商品时，经常会向销售人员询问商品的详细信息、使用方法或特殊优惠。为了优化顾客的购物体验，同时减少销售人员的工作压力，她准备为每一种商品分别制作商品的描述音频，让顾客扫描二维码便可轻松获取商品的相关信息。但由于商品种类较多，单靠人力是无法完成如此庞大的音频制作任务的，所以小吴准备借助 AIGC 工具来快速、高效地生成大量个性化且高质量的商品描述音频。

2. 思路设计

利用魔音工坊生成商品描述音频时，可以按照以下思路进行设计。

● **了解商品特点**。深入研究商品的功能、优势、使用场景等信息，确保对商品有全面的了解。

● **确定目标受众**。分析目标受众的年龄、性别、兴趣爱好等因素，选择合适的语音风格，使音频更具针对性。

● **编写音频内容**。音频内容应简洁，避免冗长复杂的句子，确保听众能够快速了解商品的核心卖点。

● **实时预览与调整**。实时预览音频效果，并根据需要微调各项参数，直至达到满意的效果。

● **反馈收集**。向同事、朋友或部分目标受众展示音频样本，收集他们的意见和建议，进一步优化音频。

● **保存与导出**。根据平台的要求，选择适当的音频格式进行保存和导出。

商品描述音频的最终参考效果如图6-15所示。

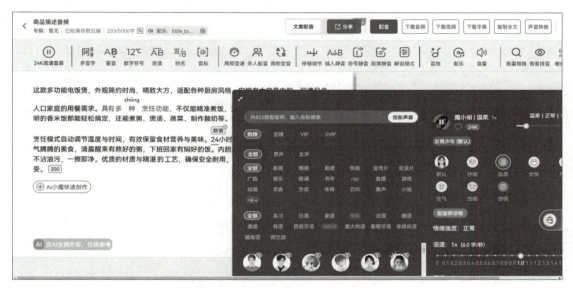

图6-15

3．操作实现

利用魔音工坊生成商品描述音频的具体操作如下。

（1）在浏览器中搜索"豆包"，进入其应用页面后，在下方的聊天框中输入商品信息，再输入提示词"请帮我扩写上述内容，我需要使用这些信息生成一段商品描述音频，字数为300字左右。"，完成后按"Enter"键获取结果。

（2）在浏览器中搜索"魔音工坊"，进入其应用页面后，单击"软件配音"选项卡，进入配音页面，在下方的编辑区域中粘贴豆包生成的商品描述信息，然后单击"敏感词"按钮，查看该信息是否涉及敏感信息，如图6-16所示。

微课

利用魔音工坊生成商品描述音频

Ｑ

　　这款多功能电饭煲外观简约，拥有大容量内胆，具有煮饭、煮粥、煲汤、蒸菜、制作酸奶等多种功能，它的智能控温系统可以有效保留食材的营养，内胆采用不粘涂层设计，方便清洗。

　　请帮我扩写上述内容，我需要使用这些信息生成一段商品描述音频，字数为300字左右。

145

A

以下是一份多功能电饭煲的商品信息：

这款多功能电饭煲，外观简约时尚，精致大方，适配各种厨房风格。它拥有大容量内胆，可满足多人口家庭的用餐需求。具有多种烹饪功能，不仅能快速煮饭，无论是软糯的柴火饭还是粒粒分明的香米饭都能轻松搞定，还能煮粥、煲汤、蒸菜、制作酸奶等。智能控温系统可根据不同食材和烹饪模式自动调节温度与时间，有效保留食材营养与美味。24小时预约功能，让您随时能享用到热气腾腾的美食，清晨醒来有熬好的粥，下班回家有焖好的饭。内胆采用不粘涂层，清洗方便快捷，不沾油污，一擦即净。优良的材质与精湛的工艺，确保安全耐用，为您的厨房生活带来便捷与品质享受。

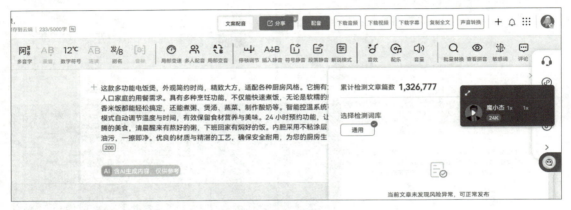

图6-16

（3）选择商品描述信息中的"24"文本，然后单击"数字符号"按钮 **12℃**，在弹出的下拉列表中选择"数值：二十四"选项，如图6-17所示。

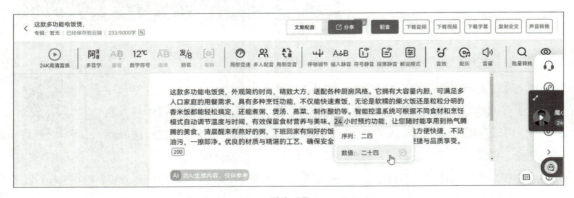

图6-17

（4）展开配音面板，在配音面板左下方的配音师中选择"魔小昭"选项，然后在配音面板右侧选择"温柔"选项，其他保持默认设置，如图6-18所示。

（5）缩小配音面板，单击"配乐"按钮 **🎵**，在弹出的下拉列表中选择"（轻快）little_tomcat"选项，如图6-19所示。完成后试听配音效果，并将其重命名为"商品描述音频"，最后将该音频下载至计算机中。

图6-18

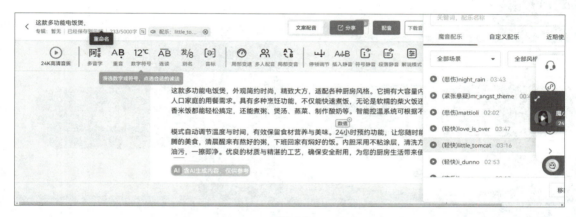

图6-19

本章实训

1. 使用网易天音为自媒体打造一首古风背景音乐，要求旋律轻柔，能触动听众的心弦。

2. 使用腾讯 TME Studio 创作一首摇滚歌曲，再为其智能添加封面。

3. 使用魔音工坊模拟真人声音播报新闻热点，并为其智能匹配视频素材。

▲ 使用 WPS AI 生成的演示文稿

第 7 章

AIGC智能化办公

AI技术的飞速发展使得AIGC深度融入我们的日常工作，开辟了提高工作效率的新途径。市场上也出现了许多AIGC智能化办公工具，掌握这些新工具的使用方法，用户可以更轻松从容地处理复杂的工作。

学习引导		
	知识目标	**素养目标**
学习目标	1. 了解常用的AIGC智能化办公工具，掌握AI文档、AI表格、AI演示文稿的制作方法 2. 掌握移动化智能办公工具的用法	1. 学习前沿技术，提升个人职业竞争力 2. 学会用新的视角思考问题，寻找多种解决方案
课前讨论	在制作文档、表格、PPT的过程中，你觉得最耗费时间的是哪一部分？	

7.1 常用的AIGC智能化办公工具

智能办公的核心是利用 AI 技术和自动化技术，提高人们的工作效率。随着 AI 技术的快速发展，办公领域迎来了重大变革，使用 AIGC 智能化办公工具逐渐成为一种新兴的自动化办公方式，一些专门的智能化办公工具也逐渐得到了推广和应用。

7.1.1 WPS AI

WPS AI 是一款整合了大语言模型的生成式办公工具，集成了文字、演示、表格的快速生成与编辑功能，还具备移动创作和语音交互功能。通过 WPS AI，用户可以自动化处理大量重复性的工作，获得多方面的智能辅助。无论是在文本创作、演示文稿创作还是数据分析方面，WPS AI 都能提供专业的创作辅助和建议，帮助用户提高工作效率，使用户获得更加便捷和智能的办公体验。图 7-1 所示为 WPS 文字的操作页面，在工具栏中选择"WPS AI"功能，即可查看并应用相关 AI 功能。

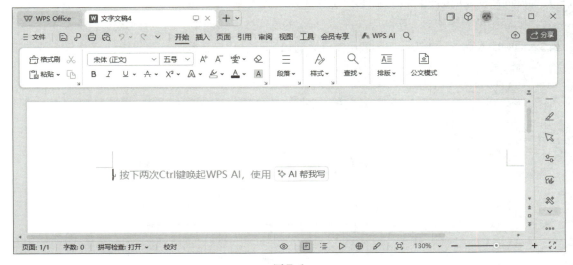

图 7-1

7.1.2　ChatExcel

ChatExcel 是一款主要用于表格处理的 AI 办公工具，用户可以通过文字聊天的方式实现 Excel
的交互控制。ChatExcel 支持表格上传、数据计算、数据分析、图表展现等功能，研究人员可以使用
ChatExcel 整理实验数据，财会人员可以使用 ChatExcel 分析销售数据、财务数据，教师可以使用
ChatExcel 整理学生成绩、教学数据等。图 7-2 所示为 ChatExcel 的操作页面，页面左侧显示表格
信息，页面右侧可以上传文件，并且用户可以在页面右下方的输入框中输入表格编辑指令。

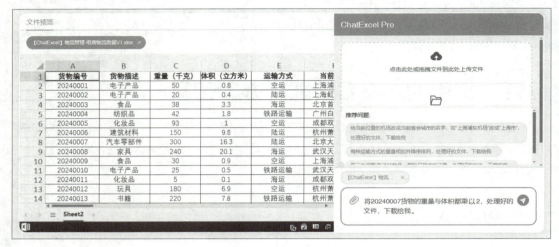

图 7-2

7.1.3　iSlide

iSlide 是一款主要用于 PPT 制作的 AI 办公工具，支持一键生成 PPT 大纲、单页内容和 PPT
全文。用户仅需输入主题关键词或简要概述演讲内容，iSlide 的内置算法便能迅速分析海量信息，并
在短时间内自动完成相关内容的生成。此外，iSlide 还支持导入文档生成 PPT，同时提供了大量的
图片、图表和模板等素材，帮助用户提高 PPT 的制作效率和质量。图 7-3 所示为 iSlide 的首页，
在输入框中输入需求，单击▶按钮即可生成大纲和 PPT，用户还可对 PPT 模板、单页模板的效果
进行一键更换。

图 7-3

7.2 智能化文档处理与优化

传统的办公文档处理大多依赖于人工操作，无论是内容的编写、格式的设置还是全文排版等，都需要办公人员手动完成。而在传统办公工具中融入 AIGC 技术后，用户处理办公文档的效率与质量得到了大大提升，目前的智能化文档处理技术可以帮助用户轻松应对各种复杂的文档处理任务，包括文档生成、文档改写、摘要总结、文档排版以及文档翻译等。

7.2.1 AI帮我写

WPS AI 的"AI 帮我写"功能可以一键生成文档大纲和内容，用户只需提出需求，WPS AI 便会基于用户需求完成文档内容的自动生成。用户如果对文档内容不满意，也可以使用该功能继续改写、续写文档。通常来说，当需要起草一篇新的文档，或需要获得一份文档初稿以作参考时，用户便可以使用"AI 帮我写"功能。下面使用 WPS AI 生成一则面试通知的初稿，详细说明"AI 帮我写"功能的使用方法。

（1）启动 WPS Office，新建一个空白的文档，在操作页面上方单击"WPS AI"按钮 ，在打开的下拉列表中选择"AI 帮我写"选项，如图 7-4 所示。

（2）WPS AI 将打开输入框和下拉列表，用户可以直接在输入框中输入自己需要的文档类型、主题和主要内容，也可以在下拉列表中选择一种文档类型，WPS AI 将自动在输入框中生成该文档类型的提问模板，这里选择"面试通知"选项，如图 7-5 所示。

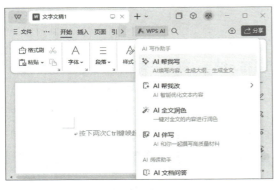
图7-4

图7-5

（3）在 WPS AI 提供的提问模板中更改关键信息，如修改面试者姓名、面试时间、面试地点等，如图 7-6 所示，然后单击 按钮生成通知初稿。

（4）阅读生成的通知初稿，如果需要重写、改写、扩写或继续生成内容，可通过初稿下方的改写框及相关按钮来实现相应操作，如图 7-7 所示，也可以单击 保留 按钮后，手动修改初稿内容。

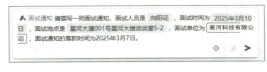
图7-6

图7-7

（5）确保通知内容无误后，可调整文档的字体、字号、段落格式等，最后保存内容。

Q

请撰写一则面试通知，面试人员是向阳花，面试时间为2025年3月10日，面试地点是星河大道001号星河大楼洽谈室5-2，面试单位为星河科技有限公司，面试通知的落款时间为2025年3月7日。

A

面试通知

向阳花女士：

您好！

我们非常荣幸地通知您，您已通过初步筛选，即将参加我公司组织的面试。请您于2025年3月10日准时到达星河大道001号星河大楼洽谈室5-2进行面试。

请您携带个人简历、相关证书及作品集，以便面试官更好地了解您的专业技能和工作经验。如有任何疑问，请随时通过电话与我们联系。

星河科技有限公司对您的加入充满期待，希望您能展现出最佳状态，与我们共同探讨未来合作的可能性。我们相信，您的加入将为星河科技有限公司带来新的活力。期待与您在面试中相见！

星河科技有限公司

2025年3月7日

7.2.2　AI帮我改

AI帮我改即对文档内容进行修改、优化，包括扩写、缩写、更改语言风格等。在文档中选择需要修改的文本内容，然后单击"WPS AI"按钮 ，在打开的下拉列表中选择"AI帮我改"选项，在其子列表中选择润色、扩写、缩写、重写等选项，如图7-8所示，WPS AI将根据相应指令改写所选文本，并在打开的输入框中显示改写结果，如图7-9所示。如果改写的内容符合需求，可单击 替换 按钮确认内容的替换。如果改写的内容不符合需求，则可以单击 替换 按钮左侧的相应按钮，继续对改写内容进行续写、调整或重写等。

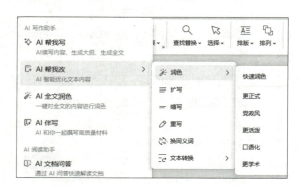

图7-8　　　　　　　　　　　　　　　　　图7-9

Q

缩写"星河科技有限公司对您的加入充满期待，希望您能展现出最佳状态，与我们共同探讨未来合作的可能性。我们相信，您的加入将为星河科技有限公司带来新的活力。期待与您在面试中相见！"文字。

A

星河科技有限公司期待您的加入，相信您能为公司注入新的活力。期待面试中与您会面。

7.2.3 AI伴写

AI 伴写即基于文档的已有内容逐句生成后续内容，用户如果对 WPS AI 生成的内容较为满意，则接受内容，如果不满意，则可以提出自己的想法让 WPS AI 重新生成。单击"WPS AI"按钮，在打开的下拉列表中选择"AI 伴写"选项，此时，WPS AI 将打开"AI 伴写"窗格，在该窗格中可以设置伴写的角色，如通用、行政、教师、运营等，还可以上传参考资料，为"AI 伴写"提供参考内容和风格，如图 7-10 所示。同时，在文档编辑区中将自动生成伴写内容，伴写内容呈灰色状态，如图 7-11 所示，如果需要生成更多内容，可以按"Alt+ ↓"组合键；如果需要采用伴写内容，可以按"Tab"键，WPS AI 将自动续写下一句；如果要放弃伴写内容，可以按"Esc"键。

图7-10　　　　　　　　　　图7-11

Q

伴写"今年的地球日，我有幸参与了一场由社区组织的环保活动。活动的主题是'绿色行动，从我做起'，旨在提高公众对环境保护的意识。在参与的过程中，我深刻体会到了环境保护的重要性，也认识到了每个人在其中所能发挥的作用。

活动开始前，组织者给我们播放了一段关于全球变暖的短片，短片中展示了冰川融化、海平面上升等画面，这些直观的画面让我意识到环境问题的紧迫性。我开始思考，我们能做些什么来减缓甚至逆转这一趋势呢？"这部分文字。

A

于是，我决定从个人做起，减少使用一次性塑料袋，每次购物都带上布袋子。同时加入社区的绿色小组，参与植树活动，为改善空气质量尽一份力。我们每个人的小改变，汇聚起来……

7.2.4　AI全文总结

AI 全文总结即利用 AI 对文档的主要内容进行提炼和总结，以提高用户的阅读效率，帮助用户快速了解长文档的内容。单击"WPS AI"按钮 ，在打开的下拉列表中选择"AI 全文总结"选项，如图 7-12 所示，此时，WPS AI 将自动阅读文档内容，并在打开的"AI 全文总结"窗格中显示相关的总结内容，如图 7-13 所示。

图 7-12

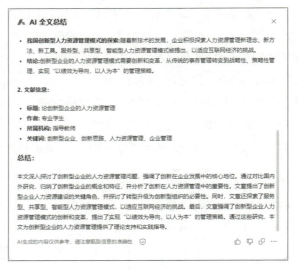

图 7-13

7.2.5　AI文档问答

AI 文档问答即利用 AI 快速解析文档，用户可以针对文档内容提出问题，AI 将基于对文档内容的理解给出回答。单击"WPS AI"按钮 ，在打开的下拉列表中选择"AI 文档问答"选项，打开"AI 文档问答"窗格，在窗格下方的输入框中输入问题，WPS AI 将解析文档内容并给出详细的回答，如图 7-14 所示。

7.2.6　AI排版

完成文档的编辑后，依次设置文档字体格式、段落格式的操作比较繁琐，使用 AI 排版功能可以一键完成文档的格式设置与排版。单击"WPS AI"按钮 ，在打开的下拉列表中选择"AI 排版"选项，打开"AI 排版"窗格，在窗格中选择排版风格，如"学位论文""党政公文""合同协议""招投标文书""通用文档"等，也可以上传范文，使范文的格式与排版应用于当前文档中。选择排版风格后，在所选风格选项之上单击 开始排版 按钮，WPS AI 将自动根据用户所选的排版风格完成文档排版。

图7-14

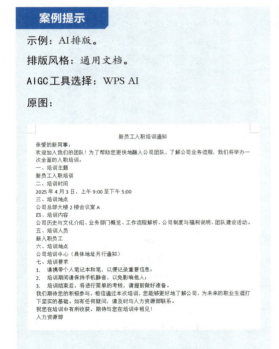

案例提示

示例：AI排版。

排版风格：通用文档。

AIGC工具选择：WPS AI

原图：

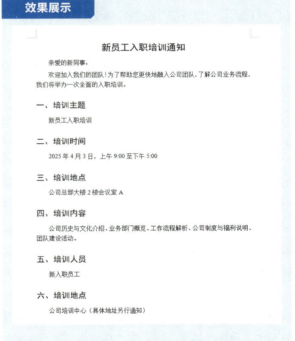

效果展示

技能练习

请你使用WPS AI，生成一篇请假条文档，要求如下。

（1）生成请假条初稿，请假人为王宇宁，请假原因是支原体感染引发肺炎，请假天数为3天，请假起始日期是2025年4月12日。

（2）检查和优化生成的初稿内容，对不符合需求的内容进行改写、续写等。

（3）使用AI排版功能排版请假条，并检查和优化排版效果。

（4）保存请假条文档。

7.3 智能化表格处理与优化

表格无论是在工作、生活还是学习中，都十分常用。例如，企业需要编制财务报表、数据分析表、项目管理表，个人有时也需要编制各种规划表、清单等。传统办公工具中的电子表格处理通常对用户的软件应用能力有一定的要求，但融入 AIGC 的电子表格管理工具，却能够智能识别数据，自动化处理繁琐的计算与数据分析任务。WPS AI 中的 AI 表格组件具备 AI 写公式、AI 条件格式、智能分析、排序与筛选数据等功能，可以大大降低用户的操作门槛，也有利于提高用户的工作效率。

7.3.1 AI表格生成

使用传统的办公工具制作电子表格时，很多数据往往需要多次手动录入，而使用 WPS AI 的 AI 表格助手功能，则可以快速生成表格，提高工作效率。下面使用 WPS AI 生成一个员工工资表，详细说明"AI 表格生成"功能的使用方法。

（1）打开 WPS Office，新建一个空白的电子表格，在操作页面上方单击"WPS AI"按钮 ，在打开的下拉列表中选择"AI 表格助手"选项，如图 7-15 所示。

图 7-15

（2）在打开的"AI 表格助手"对话框中输入生成表格的具体需求，这里输入"生成一个员工工资表，包括序号、姓名、部门、基本工资 / 元、加班时间 / 时、每小时加班费 / 元、绩效奖金 / 元、补贴 / 元、应发工资 / 元，共 9 列"，然后按"Enter"键，如图 7-16 所示。

（3）WPS AI 将自动生成表格内容，并打开一个对话框，以提示表格创建完毕，单击 保留 按钮保留创建的表格内容，然后在对话框的输入框中可继续输入表格创建要求，这里输入"在表格最上方增加'员工工资表'行，并将其 A ~ I 列合并居中"，如图 7-17 所示。

图 7-16

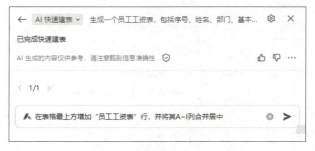

图 7-17

（4）WPS AI 将生成相关脚本，显示指令执行过程与结果，并将生成的效果展示在表格中，确认效果无误后，单击 保留 按钮，如图 7-18 所示。

（5）表格创建完毕后的效果如图 7-19 所示。

图7-18

员工工资表								
序号	姓名	部门	基本工资/元	加班时间/时	每小时加班费/元	绩效奖金/元	补贴/元	应发工资/元
1	张三	财务部	8000	10	50	1500	500	10000
2	李四	市场部	7500	5	50	1000	300	9300
3	王五	研发部	9000	15	50	2000	600	12100
4	赵六	人事部	6500	8	50	800	400	8200
5	钱七	销售部	7000	12	50	1200	500	9900
6	孙八	后勤部	6000	7	50	700	300	7700

图7-19

（6）根据实际需求更改表格内容，并继续在"AI 表格助手"对话框中输入指令，依次设置表格的字体、字号、行高列宽、边框线，效果如图 7-20 所示。

员工工资表								
序号	姓名	部门	基本工资/元	加班时间/时	每小时加班费/元	绩效奖金/元	补贴/元	应发工资/元
1	林晓晨	市场3部	2100	61	32	1152	200	
2	赵林萱	市场1部	2100	60	32	1279	200	
3	陈浩宇	市场2部	2100	60	32	1044	200	
4	张心怡	市场1部	2100	60.5	32	1169	200	
5	刘天宁	市场3部	2100	58	32	1160	200	
6	王梦琪	市场2部	2100	62	32	1265	200	
7	高思远	市场2部	2100	62	32	1260	200	
8	孙雅静	市场1部	2500	48	32	1231	200	
9	郭浩然	市场3部	2100	72	32	1385	200	
10	黄欣妍	市场1部	2100	72	32	1385	200	
11	徐子轩	市场1部	2500	52.5	32	1244	200	
12	韩文征	市场2部	2100	74	32	1084	200	
13	蔡晓燕	市场3部	2500	47	32	1035	200	
14	唐雨潆	市场1部	2100	72	32	1085	200	
15	魏杰豪	市场1部	2100	60	32	1079	200	

图7-20

7.3.2　AI写公式

很多用户在计算电子表格中的数据时，往往不知道如何编写公式，而正确编写公式又需要用户深入理解各种函数的功能和参数，并确保其逻辑正确无误。WPS AI 提供的"AI 写公式"功能，可以极大地简化编写公式的过程，用户只需提出自己的需求，WPS AI 就能自动生成适合的公式完成数据的计算。下面使用 WPS AI 计算员工工资，详细说明"AI 写公式"功能的使用方法。

微课

AI写公式

（1）在"员工工资表"表格中选择 I3 单元格（计算第一位员工的应发工资），单击"WPS AI"按钮 ，在打开的下拉列表中选择"AI 写公式"选项。

（2）在打开的输入框中输入"计算'基本工资 + 加班时间 × 每小时加班费 + 绩效奖金 + 补贴'"，单击"提交"按钮 ➤，如图 7-21 所示。

（3）WPS AI 将自动生成公式来计算应发工资，如图 7-22 所示，单击 [完成] 按钮将执行数据计算。

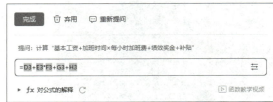

| 图7-21 | 图7-22 |

（4）拖动 I3 单元格右下角的填充柄至 I17 单元格（快速复制公式），可以计算其他员工的应发工资，如图 7-23 所示。其他数据计算，如求平均值、计算排名等，也是采用相同的方法（需明确描述需要计算的内容），如"请计算 D ~ H 列中的最低值""请计算 E 列数据的排名，并将结果填入H 列中"。

员工工资表

序号	姓名	部门	基本工资/元	加班时间/时	每小时加班费/元	绩效奖金/元	补贴/元	应发工资/元
1	林晓晨	市场3部	2100	61	32	1152	200	5404
2	赵林萱	市场1部	2100	60	32	1279	200	5499
3	陈浩宇	市场2部	2100	60	32	1044	200	5264
4	张心怡	市场1部	2100	60.5	32	1169	200	5405
5	刘天宁	市场3部	2100	58	32	1160	200	5316
6	王梦琪	市场2部	2100	62	32	1265	200	5549
7	高思远	市场1部	2100	62	32	1260	200	5544
8	孙雅静	市场1部	2500	48	32	1231	200	5467
9	郭浩然	市场3部	2100	72	32	1385	200	5989
10	黄欣妍	市场1部	2100	72	32	1385	200	5989
11	徐子轩	市场1部	2500	52.5	32	1244	200	5624
12	韩文征	市场2部	2100	74	32	1084	200	5752
13	蔡晓燕	市场3部	2500	47	32	1035	200	5239
14	唐雨濛	市场1部	2100	72	32	1085	200	5689
15	魏杰豪	市场1部	2100	60	32	1079	200	5299

图7-23

7.3.3 AI条件格式

用户如果想要快速地识别和分析表格中的关键数据，并对数据进行分类、排序和突出显示等操作，就需要通过条件格式来设置。而借助 WPS AI 的条件格式功能，用户仅需简单地表达需求，即可智能化地完成条件格式的设置。下面将使用 WPS AI 标记出员工工资表中绩效奖金低于 1200 元的数据，详细说明"AI 条件格式"功能的使用方法。

微课

AI条件格式

（1）在"员工工资表"表格中单击"WPS AI"按钮 ，在打开的下拉列表中选择"AI 条件格式"选项，打开"AI 条件格式"对话框，输入"将绩效奖金列中数据低于 1200 元的单元格标记为红色"，单击"提交"按钮➤，如图 7-24 所示。

（2）WPS AI 将自动生成条件格式的公式，单击 完成 按钮，如图 7-25 所示。

图 7-24　　　　　　　　　　　　　　图 7-25

（3）WPS AI 将自动把符合"绩效奖金低于 1200 元"这一条件的单元格标记为红色，如图 7-26 所示。

员工工资表

序号	姓名	部门	基本工资/元	加班时间/时	每小时加班费/元	绩效奖金/元	补贴/元	应发工资/元
1	林晓晨	市场3部	2100	61	32	1152	200	5404
2	赵林萱	市场1部	2100	60	32	1279	200	5499
3	陈浩宇	市场2部	2100	60	32	1044	200	5264
4	张心怡	市场1部	2100	60.5	32	1169	200	5405
5	刘天宁	市场3部	2100	58	32	1160	200	5316
6	王梦琪	市场2部	2100	62	32	1265	200	5549
7	高思远	市场1部	2100	62	32	1260	200	5544
8	孙雅静	市场1部	2500	48	32	1231	200	5467
9	郭浩然	市场3部	2100	72	32	1385	200	5989
10	黄欣妍	市场1部	2100	72	32	1385	200	5989
11	徐子轩	市场1部	2500	52.5	32	1244	200	5624
12	韩文征	市场2部	2100	74	32	1084	200	5752
13	蔡晓燕	市场3部	2500	47	32	1035	200	5239
14	唐雨濛	市场1部	2100	72	32	1085	200	5689
15	魏杰豪	市场1部	2100	60	32	1079	200	5299

图 7-26

7.3.4　AI数据分析

分析电子表格的数据是一项较为复杂的工作，特别是数据量较大时，人力分析不仅耗时费力，还容易出错，而 AI 数据分析技术的出现则可以有效地解决这一难题。WPS AI 的数据分析功能可以通过对话的方式，帮助用户进行数据检查、数据洞察、预测分析、关联性分析等操作，有效提高数据分析的效率与质量。下面使用 WPS AI 分析员工的绩效表现，详细说明"AI 数据分析"功能的使用方法。

微课 AI数据分析

（1）在"员工工资表"表格中单击"WPS AI"按钮，在打开的下拉列表中选择"AI 数据问答"选项，打开"AI 数据问答"窗格，在窗格中可以直接选择需要分析的问题，也可以在输入框中输入需要分析的问题，这里输入"请以绩效奖金为依据，分析市场 1 ~ 3 部三个部门员工的绩效表现"，单击"提交"按钮➤。

（2）WPS AI 将读取表格中的数据，分析三个部门的员工绩效表现，同时以图表的形式展示数据，如图 7-27 所示。

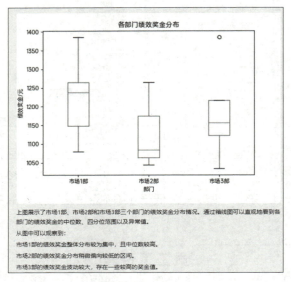

图 7-27

（3）继续在"AI 数据问答"窗格的输入框中输入分析需求，如"部门之间加班时间对比分析""部门之间基本工资差异性分析"等。分析完成后，用户就可以单击分析结果下方的"复制"按钮 ⎘，复制分析结果，并将分析结果保存在表格中。

> **技能练习**
>
> 　　请你使用 WPS AI，制作一个"学生数学成绩表"表格，并分析其数据，要求如下。
>
> 　　（1）生成"学生数学成绩表"表格，包含学号、学生姓名、班级、性别、本次考试分数、上次考试分数、增长分数、本次名次、上次名次、增长名次共 10 列内容。
>
> 　　（2）设置表格的表头、字体、字号、边框、行高、列宽。
>
> 　　（3）根据需求修改表格中的学号、学生姓名、班级、性别、本次考试分数、上次考试分数等内容。
>
> 　　（4）计算每位学生的增长分数、本次名次、上次名次、增长名次。
>
> 　　（5）分析全班同学的数学成绩趋势，列举进步最大和退步最大的学生信息及考试情况。

7.4　智能化演示文稿处理与优化

　　演示文稿是一种在宣传、演讲、总结、教学等场景中广泛应用的多媒体文件。一个完整的演示文稿往往包含图片、文字、形状、图示、音视频等众多内容，制作比较繁琐。用户在制作演示文稿时，不仅需要依次搭建演示文稿的内容框架、输入相应内容，还要设计其版面、字体等要素，以保证演示文稿整体的美观度。如今，用户可以借助一些专门的 AI 演示文稿制作工具，如 WPS AI 中的 AI 演示，简化演示文稿各个环节的制作流程，提高演示文稿的制作效率和设计美观度。

7.4.1　AI生成PPT

使用 WPS AI 生成 PPT 有 3 种方式，一是根据主题生成 PPT，用户仅需指定一个 PPT 主题，如"环保理念推广"或"未来科技趋势"，WPS AI 就可以自动生成大纲和 PPT 内容；二是根据大纲生成 PPT，用户需要规划好整个演示文稿的内容框架，WPS AI 再根据用户提供的大纲智能生成每一张幻灯片的内容，这样有利

微课
AI 生成PPT

于提高 PPT 内容的准确性和完整性；三是根据文档生成 PPT，当用户已有现成的文档时，WPS AI 能够自动提取文档中的关键信息，并快速生成对应的 PPT。下面使用 WPS AI 生成一个"大学生创新能力培养"的教学课件，详细说明"AI 生成 PPT"功能的使用方法。

（1）打开 WPS Office，新建一个空白的演示文稿，在操作页面上方单击"WPS AI"按钮 ，在打开的下拉列表中选择"AI 生成 PPT"选项，在其子列表中选择"大纲生成 PPT"选项。

（2）在打开的对话框中输入演示文稿的大纲，以规范演示文稿的内容。

（3）单击 开始生成 按钮，如图 7-28 所示，WPS AI 将进一步细化大纲，如图 7-29 所示。检查大纲的内容，如需修改，可单击需要修改的文本直接进行编辑。

图7-28　　　　　　　　　　　　　　　　　　图7-29

（4）确认大纲无误后，单击 挑选模板 按钮，在打开的对话框中为幻灯片选择一个模板，并单击 创建幻灯片 按钮，如图 7-30 所示，WPS AI 将基于该模板完成演示文稿的创建。如果 WPS AI 推荐的模板中没有适合演示文稿整体风格的，也可以在对话框中单击"上传模板"选项卡，在其中上传合适的模板；或单击"自定义模板"选项卡，在其中分别上传演示文稿的通用背景图和封面图，并设置演示文稿的配色方案。此时，WPS AI 会基于用户上传的模板或设置的背景、配色等参数，生成演示文稿，并统一其样式。

图7-30

（5）WPS AI 完成演示文稿的创建后，用户可以继续检查和修改演示文稿的内容，如文本、配图、字体样式等，使其更加符合自己的需求。

7.4.2 AI生成单页PPT

在检查 WPS AI 生成的整个演示文稿内容时，如果需要继续增加幻灯片，可以使用"AI 生成单页"功能，其操作方式与 AI 生成 PPT 类似，单击"WPS AI"按钮 ，在打开的下拉列表中选择"AI 生成单页"选项，在打开的对话框的输入框中输入生成该单页幻灯片的要求（也可生成多页，单击"WPS AI"按钮 ，在打开的下拉列表中选择"AI 生成多页"选项，在打开的对话框左下方可设置幻灯片的生成页数），WPS AI 将基于该要求列举幻灯片内容，如果内容不符合自己的需求，可对其进行修改；或在下方的输入框中继续输入指令，修改生成的内容。完成内容的修改后，单击 生成幻灯片 按钮，WPS AI 将自动生成对应的单页幻灯片。

案例提示

示例：生成单页幻灯片。

提示词：增加一页"课后思考"幻灯片，内容为"你认为什么是创新？如何走出创新的第一步"。

继续提问：只保留标题，删除内容。

AIGC工具选择：WPS AI

效果展示

7.4.3　单页美化

使用WPS AI 生成演示文稿后，如果某一页幻灯片的排版效果不理想，可以对其进行美化。选择需要修改的幻灯片，在WPS Office 操作页面中单击"设计"功能选项卡，然后单击"单页美化"按钮，在打开的下拉列表中，WPS AI 将列举出众多单页排版效果，单击选择一个合适的排版效果，即可快速完成所选幻灯片的美化。

案例提示

示例：美化单页幻灯片。

AIGC工具选择：WPS AI

原图：

效果展示

7.4.4　全文美化

WPS AI 的全文美化包括一键美化、全文换肤、统一版式、智能配色、统一字体等功能，在WPS Office 操作页面中单击"设计"功能选项卡，然后单击"全文美化"按钮，打开"全文美化"对话框，在对话框左侧选择需要美化的项目，在对话框右侧选择相应的选项，即可一键完成演示文稿的全文美化。

技能练习

请你使用WPS AI，生成一篇"让资源再生"演示文稿，要求如下。

（1）以大纲的形式生成演示文稿。

（2）列举演示文稿的大纲，可以包括"知识聚焦——资源、知识探索——造纸、知识实践——节约用纸、知识研讨——从造纸谈资源再利用、总结"几个部分。

（3）为演示文稿选择一个合适的模板。

（4）生成演示文稿后，阅读并检查演示文稿的内容，修改其中不恰当、不符合要求的内容。

（5）美化版式效果不佳的单页幻灯片。

（6）保存演示文稿。

7.5　移动智能化办公

移动智能化办公是指借助智能终端设备（如智能手机），使用户能在任何时间、地点便捷地获取和处理工作所需的信息。移动智能化办公打破了传统办公室受制于时间和空间的束缚，使工作人员可以自由地选择工作时间和地点，从而提高工作效率。因此，越来越多的企业和办公人员都开始借助移动智能化办公工具来处理工作事务。

WPS Office 移动版是目前主流的移动智能化办公工具，随着 AI 技术的发展，该工具的开发团队也加大了对移动智能化办公功能的开发力度，不仅提供了文档、电子表格、演示文稿的 AI 制作功能，还融入了大量其他办公模块，如求职与校园、内容与设计、图片处理、文档处理、效率工具、拍照扫描、办公服务等，每个模块中都有一些功能融入了 AI 技术，如拍照扫描、语音速记、PPT 一键美化等，可以帮助用户提高工作效率。

7.5.1 拍照扫描

WPS Office 移动版的拍照扫描功能可以用于扫描试卷、证件、书籍、图片等，完成扫描后，用户还可以对图片进行编辑，如裁剪、旋转、去除笔迹、涂抹消除等，并保存为电子文件以备后续使用。下面以扫描书籍并提取其中的文字为例，介绍扫描拍照的使用方法。

微课
拍照扫描

（1）打开 WPS Office 移动版，在应用页面的下方点击"服务"选项，在进入的页面中点击"全部服务"选项，如图 7-31 所示。

（2）在进入的页面中点击"拍照扫描"栏中的"拍照扫描"选项，如图 7-32 所示。

（3）在进入的页面中选择一种扫描类型，如扫描试卷、扫描证件、提取文字等，这里选择"提取文字"选项。在打开的页面中拍摄需要扫描的对象，然后点击右下角的 下一步 按钮。

（4）WPS Office 移动版将自动对扫描图片进行校正，点击 开始提取 按钮，如图 7-33 所示。

（5）WPS Office 移动版将对扫描图片中的文字进行提取，点击 复制文字 按钮或 导出文档 按钮，可以复制文字用于其他文档中，或直接将提取的文字导出为文档。

图 7-31   图 7-32   图 7-33

7.5.2　语音速记

语音速记是指利用语音识别技术将语音转换为文本的技术，它可以广泛应用于多个场合，如在商务会议中，语音速记可以将会议内容实时转换为文字，帮助参会人员快速整理会议纪要。在学习中，学生也可以使用语音速记快速记录课堂内容，方便课后复习和整理。用户如果想要使用 WPS Office 移动版中的语音速记功能，需要在"全部服务"页面的"效率工具"栏中点击"音频转文字"选项，才可进入"语音速记"页面，用户可以在该页面中使用"开始录音"功能实时录制音频，也可以使用"导入音频""导入视频"功能导入已录制的音视频，如图 7-34 所示。用户点击"开始录音"按钮 🔟 后，在打开的面板中可以对实时录音参数进行设置，如多人场景录音、单人场景录音、识别语言、翻译等，设置完成后即可录制实时声音，并将声音转化为文字，录制结束后，用户可以直接将文字导出保存。

7.5.3　图片提取文字

图片提取文字是指将图片中的文字转换成可编辑和可搜索的文本格式。用户如果需要将纸质文档（如书籍、档案等）转换为数字文本，或需要将发票、表格、表单等数据自动录入电子设备中，都可以使用该功能来智能识别图片中的文字信息，提高文本录入效率。WPS Office 移动版中的图片提取文字功能位于"全部服务"页面的"图片处理"栏中，点击"图片提取文字"选项（见图 7-35）才可进入"图片提取文字"页面，在该页面中点击 选择图片 按钮，从电子设备中选择需要提取文字的图片，在打开的"选择范围"页面中点击 开始提取 按钮，WPS Office 移动版将自动识别并提取图片中的文字，用户可以根据需要对提取的文字进行复制或导出。

7.5.4　PPT一键美化

WPS Office 移动版中同样提供了便捷的 PPT 制作功能，用户可以使用"超级 PPT"功能快速搭建演示文稿的框架，也可以使用"PPT 一键美化"功能为演示文稿快速应用模板。其方法为：在 WPS Office 移动版的"全部服务"页面中点击"PPT 一键美化"选项，在打开的页面中点击 选择文档，一键美化 按钮，在打开的页面中选择需要美化的演示文稿，打开"美化模板"页面，如图 7-36 所示，在该页面中选择一个合适的模板，WPS Office 移动版将自动将模板样式应用到所选的演示文稿中。

图 7-34

图 7-35

图 7-36

🔑 实战演练

任务1 利用WPS AI制作"咖啡店"商业计划书

如今，创新创业已成为经济增长的重要引擎，传统企业需要在已有的事业基础上继续创新，新创企业则需要通过创新开辟新的市场。而在创新创业过程中，企业如何有效展示自己的发展蓝图，吸引投资者和合作伙伴呢？这就需要制作商业计划书。商业计划书是一份详细阐述商业项目、市场分析、运营策略、财务预测及团队构成等关键要素的综合文档，也是向投资者展示项目价值和未来发展潜力的重要参考文档。

1. 需求分析

小张是一名刚毕业的大学生，怀揣着满腔的创业热情和独特的商业构想，渴望在竞争激烈的市场中崭露头角。小张目前需要为一家咖啡店编制一个商业计划书，用于向潜在的投资者展示项目的可行性及市场潜力，以获取投资者的资金支持。小张计划使用 WPS AI 生成商业计划书的初稿，编辑优化后，再使用 WPS AI 生成演示文稿，以备后续在路演中使用。

2. 思路设计

利用 WPS AI 编制商业计划书时，小张可以按照以下思路进行设计。

● **确定结构**。首先在 WPS AI 中明确商业计划书的结构，通常包括摘要、公司简介、市场分析、组织和管理、产品或服务、营销与销售策略、资金需求、财务预测、风险评估等部分。

● **生成初稿**。基于商业计划书的结构生成初稿，然后调整和优化初稿，如修改内容、一键排版等，确保内容符合自己的实际需求，且具备逻辑性和条理性。

● **生成演示文稿**。将优化后的商业计划书导入到 WPS Office，生成并优化演示文稿。

商业计划书的最终参考效果如图 7-37 所示。

图7-37

3. 操作实现

利用 WPS AI 制作商业计划书的具体操作如下。

（1）打开 WPS Office，新建一个空白文档，单击"WPS AI"按钮 ，在打开的下拉列表中选择"AI 帮我写"选项，在打开的对话框的输入框中输入"商业计划书"，WPS AI 将自动弹出"商业计划书"的提示词模板，选择该提示词模板，如图 7-38 所示。

（2）修改载入的商业计划书提示词模板，使其符合自己的需求，如图 7-39 所示。

商业计划书 你是一位商业计划书撰写专家，现在需要为一家 早咖 撰写一份商业计划书。该公司业务方向是 销售现磨咖啡，所处行业为 食品销售或餐饮服务 。请根据以下几个方面进行详细描述：市场分析：行业发展趋势、竞争对手分析、目标客户群体 ；产品/服务介绍 核心功能、竞争优势 ；营销策略：广告推广、线下销售、线上销售 ；运营管理：团队组建、内部管理制度、供应链管理 ；财务预测：成本预算、收入预测、投资回报周期、盈利模式 ；风险评估：市场风险、管理风险、财务风险

图 7-38　　　　　　　　　　　　图 7-39

（3）WPS AI 将基于该提示词自动生成商业计划书的初稿，单击 保留 按钮，保留该内容。然后仔细阅读商业计划书初稿，判断其合理性、适用性，并进行修改优化。这里选择"简介"下方的文本，在快捷工具栏中单击"WPS AI"按钮 ，在打开的下拉列表中选择"扩写"选项，扩写选中的文本。

（4）按照该方法，依次对商业计划书中的其他内容进行编辑优化，可以直接进行扩写、缩写、润色，也可以在输入框中输入编写需求，要求 WPS AI 重新编写内容。

（5）使用"一、1."的标题格式设置内容的标题级别，然后单击"WPS AI"按钮 ，在打开的下拉列表中选择"AI 排版"选项，打开"AI 排版"窗格，选择"通用文档"选项，单击 开始排版 按钮，如图 7-40 所示，在 WPS AI 应用排版效果后单击 应用到当前 按钮，完成对商业计划书的排版，并保存文档。

（6）新建一个空白的演示文稿，单击"WPS AI"按钮 ，在打开的下拉列表中选择"文档生成 PPT"选项，在打开的对话框中单击 选择文档 按钮，上传保存的文档，在打开的"选择 PPT 生成偏好"对话框中选择"保持原文"选项，单击 下一步 按钮，WPS AI 将根据文档原文生成 PPT 大纲，如图 7-41 所示。

图 7-40　　　　　　　　　　　　图 7-41

（7）单击 挑选模板 按钮，在打开的对话框中选择一个模板，单击 创建幻灯片 按钮，为演示文稿应用模板。返回 WPS Office 编辑区，在 WPS Office 操作页面中单击"设计"功能选项卡，单击"全文美化"按钮⊗，打开"全文美化"对话框，在对话框左侧选择"全文换肤"选项，在右侧选择一个模板，预览模板效果，如图 7-42 所示，然后单击 应用美化 (27) 按钮应用该全文换肤效果。

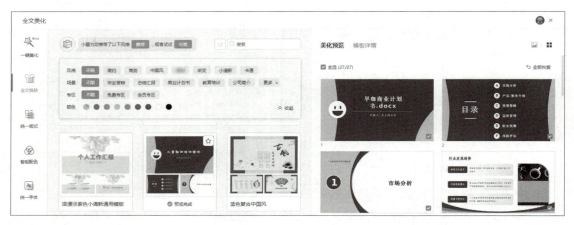

图 7-42

（8）检查并修改演示文稿的内容，使其内容符合自己的需求。如果需要修改图片，小张可以在需要修改的图片上单击鼠标右键，在弹出的快捷菜单中选择"更改图片"/"AI 生成图片"命令，在打开的"AI 生成图片"窗格中输入提示词进行图片的生成。待 WPS AI 生成完毕后，选择合适的图片，即可完成图片的更换。确认演示文稿内容无误后，保存演示文稿。

任务2 利用 WPS 移动版提取会议笔记内容并保存

在实际的办公、学习、会议等场景中，我们可能会遇到需要将拍摄或下载的图片中的文字保存为电子文档的情况，此时就需要使用图片转 Word 功能。该功能是利用 AI 技术智能识别图片中的文字信息，并将其转化为可以直接编辑使用的电子文档。

1. 需求分析

宋琳陪同企业领导参加了一场关于新能源与节能技术的会议，并在会后拍摄了会议主办方提供的会议笔记，回到公司后，宋琳需要将会议笔记中的内容整理成电子文档，供公司其他相关人员阅读和学习。于是，宋琳计划使用 WPS Office 移动版来完成这一操作。

2. 思路设计

利用 WPS Office 移动版提取会议笔记内容并保存，可以按照以下思路进行设计。会议笔记的最终参考效果如图 7-43 所示。

● **提取文字**。使用 WPS Office 移动版"图片转 Word"功能完成文字提取，并进行智能校对。

● **保存文档**。检查文档内容，确认其识别无误后，将其保存为电子文档。

会议笔记：新能源与节能技术交流会

会议主题：新能源与节能技术

会议日期：2025 年 4 月 3 日

会议地点：杭州市××大厦会议中心

参会人员：约 300 名国内外院士、专家、学者、企业代表，以及行业科技人员和企业领导

会议概况：本次新能源与节能技术交流会汇聚了来自全球的顶尖学者和行业精英，旨在深入探讨新能源领域的最新进展和技术突破。

会议议题：

1. 氢能制备、储运和应用技术

● 报告亮点：多位专家分享了氢能的高效制备技术，包括电解水制氢、蒸汽重整制氢等方法的最新进展，并探讨了氢能的安全储运方案及其在交通、工业等领域的广泛应用前景。

● 技术交流：与会者就氢能成本降低、基础设施建设等关键问题进行了深入讨论。

2. 地热能高效开发与利用技术

● 报告亮点：介绍了地热能发电、供暖及制冷系统的最新技术进展，特别是增强型地热系统的开发与应用。

● 技术展示：展示了地热能项目案例，强调了其在减少碳排放、实现可持续能源供应方面的潜力。

3. 风力发电及储能技术

● 报告亮点：探讨了大型海上风电场建设面临的挑战与机遇，以及电池储能、抽水蓄能等储能技术的最新进展。

● 圆桌对话：围绕风电成本下降路径、储能技术经济性分析进行了深入交流。

4. 太阳能光热技术

图 7-43

3. 操作实现

利用 WPS Office 移动版提取会议笔记内容的具体操作如下。

微课

利用 WPS Office移动版提取会议笔记内容

（1）打开 WPS Office 移动版，在应用页面的下方点击"服务"选项，在进入的页面中点击"全部服务"选项。在进入的页面中点击"图片处理"栏中的"图片转 Word"选项。

（2）在进入的"图片转 Word"页面中点击 选择图片 按钮，选择并上传需要转文档的图片。在打开的页面中选择"全部范围"选项，点击 开始转换 按钮，如图 7-44 所示。WPS Office 移动版自动将图片内容转为 Word 文档，打开"导出预览"对话框，预览转化后的效果，确认无误后点击 导出PDF 按钮。

（3）在打开的页面中输入文档标题，点击 保存 按钮，如图 7-45 所示。

（4）WPS Office 移动版将自动打开该文档，点击"工具"按钮 ，在打开的面板中点击"审阅"选项卡，在弹出的下拉列表中点击"文档校对"选项，在弹出的子列表中点击"中文校对"选项，此时 WPS Office 移动版将开始校对文档内容，并对错误进行逐一查看，如果确需修改，则点击 替换 按钮接受校对建议，如图 7-46 所示。

（5）校对完成后，点击左上角的 完成 按钮，保存文档。

图7-44

图7-45

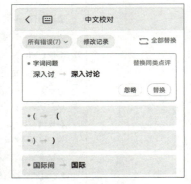

图7-46

本章实训

1. 使用 WPS AI 写一篇发言稿，用于星河科技有限公司的年终会议，总结人为总经理，内容从企业今年的发展情况、企业明年的发展方向与计划、恭祝全体同事新春快乐 3 个方面展开。

2. 使用 WPS AI 制作"个人理财记录表"表格，包含收入与支出两个板块，收入板块包括工资收入、福利收入、兼职收入、其他收入；支出板块包括置装费、护肤美容、餐饮、居家日常、房贷、交通出行、教育、健身医疗、出差旅行。计算每个月的收入与支出情况，并对其进行分析。

3. 使用 WPS AI 制作一篇主题为"奶茶市场调查报告"的演示文稿，需要使用"主题生成PPT"功能。

求职意向

求职岗位：电商带货主播　　期望行业：直播电商　　期望薪资：5k-8k
当前状态：离职-随时到岗　　　　　　　　　　意向城市：成都

教育经历

××××大学　　　　　　　　　　　　2021.09 ~ 2023.06
播音主持　　　　　　　　　　　　　　　　本科

工作经历

××××电子商务有限公司　　　　　　　2023.05-2024.12
电商带货主播

- 负责淘宝、天猫、抖音等平台的产品直播销售，涉及多个品类的产品。
- 参与直播方案策划、协助各直播平台的日常运营、产品介绍等。
- 负责与粉丝进行互动，活跃气氛，提高粉丝活跃度，引导粉丝关注直播间。
- 配合直播流程，提高直播间销售转化率。
- 熟悉各平台直播的相关规则，配合相关促销活动的开展。
- 参与策划视频直播内容，收集整理产品卖点信息并提出直播建议。

证书列表

- c2驾驶证
- 国家计算机二级证书
- 普通话一级甲等
- 英语六级证书

荣誉奖项

- 院校级奖学金
- 优秀学生干部

技能特长

- 本人有一定的直播销售经验，熟悉直播平台玩法，有较强的现场应变和抗压能力；擅长数据分析，能分析并找到数据变化的原因，给出可优化的方案；有良好的沟通能力和团队协作能力；镜头造型感强，喜欢与人互动交流，善于调动气氛；工作认真，有责任心，富有团队精神，愿意与公司共同发展。

向阳花

性别：女
出生年月：1999.2.9
电话：
邮箱：
专业：播音主持
学校：××××大学
现居地：山东济南历下区
当前工作：电商带货主播

◄ 使用AIGC
工具生成的
个人简历

第8章

AIGC辅助办公

在实际的办公场景中，AIGC辅助办公工具展现出了广泛的适用性和高效性。例如，通过智能分析用户输入的关键词或主题，AIGC辅助办公工具能够自动生成结构化的思维导图和各个分支内容，节省绘制时间。同样，在公文、论文、营销文案等专业性文案的撰写方面，也有大量专业的AIGC辅助办公工具能够提供支持，确保撰写内容的质量和专业性。

学习引导		
	知识目标	**素养目标**
学习目标	1. 熟悉各种AIGC辅助办公工具的作用 2. 掌握思维导图、公文、论文、搜索、营销文案等相关的AIGC辅助办公工具的用法	1. 激发创新应用能力，善于使用各种工具提高工作效率 2. 培养决策能力和解决问题的能力，优化办公协同过程
课前讨论	1. 在平时的生活或学习中，当你需要紧急处理大量信息时，你会怎么做？ 2. 假设可以选择一个或几个AIGC辅助办公工具来优化你的工作流程，你希望是什么样的工具？	

8.1　AI思维导图制作

思维导图是一种表达发散性思维的图形思维工具，它从一个主题出发，通过分支和连线将相关的概念、想法或信息发散并连接起来。思维导图能够帮助人们更有效地思考、记忆和解决问题，因而无论是学生制作学习笔记，还是办公人员管理任务、分析信息、收集创意，都可以使用思维导图。

传统的思维导图制作主要依靠专门的思维导图工具，创作者需逐步梳理、分析、归纳信息来制作思维导图。而使用 AI 思维导图制作工具，用户只需输入关键词或提供相关内容，这些工具就可以快速生成思维导图，能提高制作思维导图的效率。

8.1.1　亿图脑图

亿图脑图是一款跨平台思维导图软件，可以在手机端、PC 端和网页中进行多端操作，提供了丰富的智能布局、多样性的展示模式，以及精美的设计元素和预置的主题样式，广泛应用于人们的学习、工作、生活等场景中。例如，在学习中，我们可以使用亿图脑图梳理知识点和概念、拟定文章大纲、整理复习计划和重点难点等，帮助学生记忆和理解。在工作中，我们可以使用亿图脑图规划项目的进度、任务分配和关键节点，或分析整理产品的信息，或记录团队在头脑风暴中的想法和创意。在生活中，我们也可以使用亿图脑图进行日常安排，如拟定旅行计划、购物清单等，从而更好地管理时间和生活。

为了简化操作，提高用户制作思维导图的效率，亿图脑图还引入了 AI 功能，用户可以基于该 AI 功能一键生成思维导图，下面介绍一键生成思维导图的方法。

（1）进入亿图脑图官方页面，选择"在线使用"选项，如图 8-1 所示。

（2）在打开的页面中的"AI 一键生成思维导图"对话框中输入生成需求，如"生成一份年终工作总结写作思路的思维导图，包含贡献、问题和挑战、策略与下一步行动计划共 3 个分支结构。撰写者身份为项目负责人，项目所属行业为算力研究。"，然后单击"立即生成"按钮，如图 8-2 所示，亿图脑图就可以自动生成思维导图。

微课
亿图脑图

图 8-1

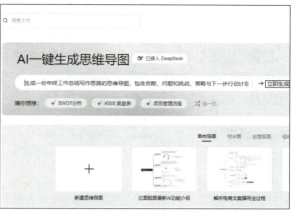

图 8-2

（3）生成思维导图后，用户可以根据自己的实际需求修改其内容、样式、视图等，其中，双击思维导图的各个主题，可以修改文字；单击思维导图的各个主题，在打开的快捷工具栏中可以修改主题的布局、边框、连接线等，如图 8-3 所示。

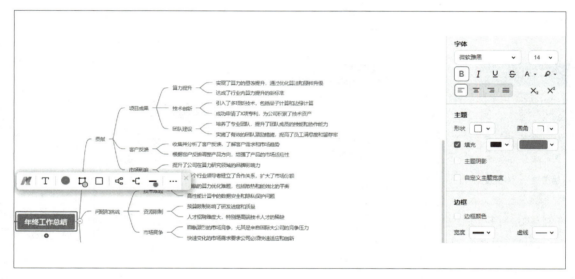

图 8-3

除了一键生成思维导图之外，如果用户需要将已有的 Word、Excel、PPT、PDF 等格式的文件内容一键整理成思维导图，可以在亿图脑图操作页面左上方单击选项卡，在打开的下拉列表中选择"文件导入"选项，在打开的面板中单击"AI 文件解析"选项卡，然后上传文件并解析，亿图脑图即可自动提炼文件内容并生成概要式思维导图。

8.1.2　ProcessOn

ProcessOn 是一款专业在线作图工具，支持流程图、思维导图、原型图、网络拓扑图和 UML（Unified Modeling Language，统一建模语言）等多种类型的图形绘制。此外，ProcessOn 还提供基于云服务的流程梳理、创作协作工具，支持多人协同设计，实时创建和编辑，并可以实现所更改内容的及时合并与同步。

ProcessOn 的 AI 功能支持一键生成思维导图，其生成方法为：在 ProcessOn 官方网页中单击 AI生成思维导图 按钮，如图 8-4 所示，在打开的文本框中输入提示词，按"Enter"键即可生成思维导图。思维导图生成后，用户可以选择各个主题，修改其内容，或在页面右侧的窗格中修改思维导图的结构、风格，或插入标签、图片等。

图 8-4

案例提示

提示词示例：生成一份小红书运营方案思维导图，要求包括选题策划、文案撰写、配图设计、增加流量策略 4 个分支结构。该营运方案主要面向女装领域，目标用户定位为 18～25 岁、喜好传统服饰的年轻女性。

AIGC 工具选择：ProcessOn

效果展示

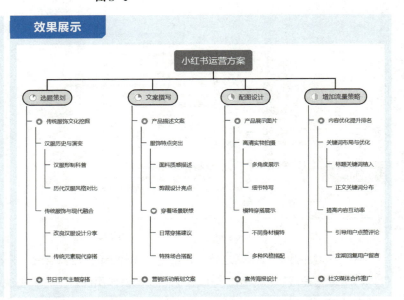

8.1.3　TreeMind树图

TreeMind 树图支持在线绘制思维导图、逻辑图、组织架构图、鱼骨图等多种类型的图形，提供了丰富的思维导图资源库，还具有跨平台文件同步、团队协作与管理等功能，可以帮助用户提高学习和工作效率。

TreeMind 树图具有一键生成思维导图、将图片转化为思维导图、将文档转化为思维导图等 AI

辅助功能。用户可以登录 TreeMind 树图官方页面，在其中选择相应的功能，如图 8-5 所示，以完成思维导图的生成。生成思维导图后，用户也可根据需要编辑其内容、样式。

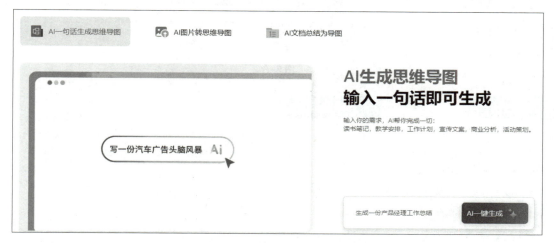

图 8-5

案例提示

提示词示例：生成介绍国内招聘网站的思维导图，要求说明各个网站的特点与优势。

AIGC工具选择：TreeMind 树图

效果展示

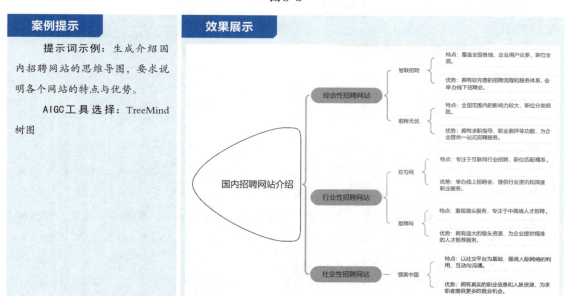

8.1.4　知犀

知犀是一款全平台思维导图和思维图示软件，支持多人协作、记录灵感、编写笔记等，同时提供云端储存功能，便于用户随时分享和查看。

用户可以登录知犀官方页面，选择"在线创作"功能，进入其创作页面，在该页面中选择"知犀 AI 生成"，如图 8-6 所示。在打开的面板中可以选择"一句话生成"或"文档总结"功能选项，前者为一键生成思维导图，后者则是提炼文档内容并转化为思维导图。思维导图生成后，用户可以选择各个主题，修改其内容，或在页面右侧修改整个思维导图的风格、样式、画布等。

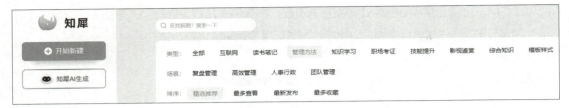

图8-6

案例提示

提示词示例：生成一份项目管理思维导图，包括项目1、项目2、项目3共3个分支，各分支都包括项目负责人、项目状态、项目开始时间、项目结束时间、优先级、完成进度等内容。

AIGC工具选择：TreeMind树图

效果展示

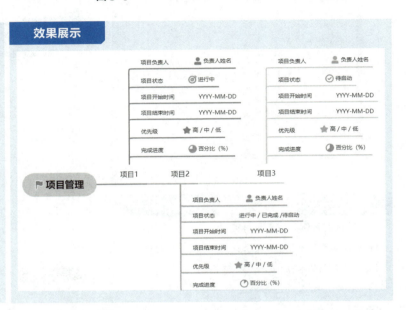

技能练习

请你选择任一AI思维导图制作工具，生成一个关于"人类演化过程"的思维导图，要求如下。

（1）思维导图应包括生命起源、真核生物、多细胞生物、复杂生命形式、脊椎动物、鱼类、两栖动物、爬行动物、哺乳动物、灵长动物、人类祖先、早期人类、智人、现代人类等演化内容。

（2）思维导图应包括生命演化的各个标志性阶段及时间。

（3）使用AI思维导图制作工具提供的图标，对生命演化的标志性阶段作出标记。

8.2 AI公文写作

公文，即公务文书，是法定机关与组织在公务活动中按照特定的体式、经过一定的处理程序形成和使用的书面材料，又称公务文件。公文是传递和记录信息的必要手段，其基本作用是指导、联系、凭证和宣传等，常见的公文形式有命令、决定、公告、通告、通知、通报、议案、报告、请示、批复、意见、函、会议纪要等。公文具有十分广泛的应用场景，如政府机关发布政策、部署工作，企事业单位发布通知、报告工作、达成合作，以及教育、法律等领域发布计划、安排，或个人提交申请、提交证明等，都会使用到不同类型的公文。

AI 公文写作即利用相关的 AI 写作工具自动生成或辅助生成符合特定格式和要求的公文内容。通常来说，用户可以使用相关的 AI 公文写作工具，根据需要快速生成公文标题、大纲或正式内容等，从而提高写作效率。

8.2.1　新华妙笔

新华妙笔是一款针对公文写作这一垂直场景开发的 AI 模型产品，构建了一个集"查、学、写、审"于一体的人工智能公文写作与知识赋能协作平台，可以全方位地辅助用户提高写作效率。同时，新华妙笔提供了海量的权威数据和多种公文写作素材，用户只需选择文稿类型、写作场景、标题和关键词等，新华妙笔即可快速生成一篇公文供其参考。另外，新华妙笔还提供 AI 续写、AI 校对、AI 润色、AI 灵感等辅助功能，帮助用户创作更加专业的文章。

下面以写作感谢信为例，介绍新华妙笔的使用方法。

（1）进入新华妙笔官方首页，登录个人账户，然后单击页面右上角的 进入平台 按钮，进入新华妙笔创作页面，单击页面左侧的 ✎ 开始写作 按钮，如图 8-7 所示。

图 8-7

（2）打开"AI 写作"对话框，在其中设置写作场景与类型，这里依次选择"书信"与"感谢信"，单击 下一步 按钮，如图 8-8 所示。

图 8-8

（3）在打开的页面中填写标题、关键词和事由，单击 下一步 按钮，如图 8-9 所示。其中，关键词可用于规范公文生成的范围和重点，事由可用于说明具体情况。

图8-9

（4）用户如果需要参考某篇公文来创作感谢信的内容，或需要在感谢信中使用某些数据，可以在打开的页面中选择相应的文档或上传文档。用户如果不需要基于已有文档进行创作，可以直接单击 开始生成 按钮，新华妙笔将根据用户的设置自动生成感谢信内容。

Q

创作一篇感谢信，标题为"感谢信"，关键词为"致谢""礼仪表达"，事由为"贵公司快递小哥上门送件时，发现我家的老人摔倒在地，立即对老人进行了紧急施救，并将腿部摔伤的老人送往医院。"

A

感谢信

尊敬的××快递公司：

我谨以此信，向贵公司表达我最真挚的感激和敬意。我想特别提及的，是贵公司的一位快递员，他的善举让我深感人性的光辉，也让我对贵公司的企业文化有了更深的理解。

上周末，我家的老人独自在家，不慎摔倒在地，情况危急。贵公司的快递员在送货途中发现了这一情况，立即对老人进行了初步的紧急施救。更令人感动的是，该快递员亲自将腿部摔伤的老人送往了最近的医院，全程陪伴，直到我接到消息赶到医院。

该快递员的行为，不仅体现了他个人的高尚品质和职业素养，更彰显了贵公司对员工道德教育的重视，以及对社会责任的积极承担。该快递员的举动，无疑是对"以人为本，服务至上"这一理念的最好诠释。我深感欣慰，也深感幸运，能遇到这样一位有爱心、有责任感的快递员。

我再次向贵公司和那位未知名的好心快递员表示衷心的感谢，是你们的善举，让我看到了生活中的美好，让我对社会充满了信心。愿贵公司业务蒸蒸日上，愿每一位员工都能在工作中找到价值，实现自我，传播正能量。

此致，

敬礼！

[名字]

[日期]

（5）感谢信创作完成后，如果需要对部分内容进行 AI 扩写、AI 缩写、AI 润色等，可以选择这些内容，然后在打开的快捷工具栏中选择相应的选项，如图 8-10 所示。新华妙笔将在页面右侧打开面板，在其中选择文本修改方式，并输入修改要求，单击 开始生成 按钮，即可完成内容的编辑与优化。

图 8-10

8.2.2　讯飞公文

讯飞公文是一款智能公文写作辅助工具，内置了多种公文模板，可以帮助用户快速搭建公文框架，用户只需输入关键词、基本需求等信息，讯飞公文就能自动生成相关内容的公文，提高政府机关、企事业单位以及个人用户的公文撰写效率。此外，讯飞公文还提供智能校对、智能排版、AI 润色、AI 扩写、AI 改写等功能，以帮助用户生成高度符合实际需求的公文。

讯飞公文的使用方法与新华妙笔类似，进入讯飞公文官方首页，选择"体验公文写作"选项，进入公文写作的工作台。在公文写作的工作台中选择需要创作的公文类型，如图 8-11 所示。

图 8-11

选择好公文类型后，讯飞公文将打开与之对应的对话框，用户需要依次在对话框中填写相应公文的编写要求，如图 8-12 所示。填写完成后，讯飞公文将生成公文大纲，用户检查大纲内容无误后可以使用讯飞公文继续生成完整的公文内容。

学思启示　　公文作为一种正式的文件，其表达的内容和传递的信息具有权威性和约束力。针对涉密公文，应当根据涉密程度分别标注"绝密""机密""秘密"字样，并明确写出保密期限，同时采取严格的保密措施。特别是党政机关的涉密公文，必须严防信息泄露，以维护国家的安全和利益。

159 of 232

179

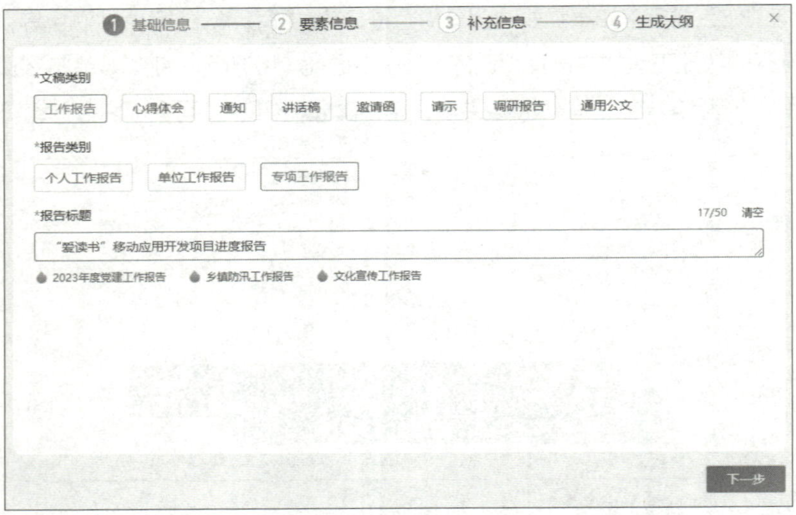

图 8-12

案例提示

示例：创作一篇项目进度报告。

标题："爱读书"移动应用开发项目进度报告。

工作总结：完成了对用户需求的全面调研，制定了详细的需求分析报告。同时，开发工作已完成80%，包括核心功能模块的开发与测试，用户界面优化等，预计剩余20%的工作将在下月完成。

工作计划：预计6月底进行测试，确保程序的质量和稳定，同时开启为期一个月的产品宣传活动。

问题反思：由于项目部分成员参与的其他项目与本项目的时间发生冲突，导致项目开发进度滞后，后续需要重新调配项目人员以确保项目按计划进行。

报告背景：打造一个集电子书阅读、书评分享、阅读推荐等功能于一体的综合性移动阅读平台，以满足广大读者多样化的阅读需求。

AIGC工具选择：讯飞公文

效果展示

"读书会"移动应用项目开发进度报告

一、项目总体进度

（一）需求调研与功能定义阶段

1. 用户调研总结与成果呈现：我们在市场调研的基础上，对潜在用户的需求进行了全面的梳理与分析。通过问卷调查、访谈交流等方式，我们收集到了大量有价值的反馈信息。这些反馈信息包括但不限于用户对数字化阅读平台的功能需求、使用场景偏好、设备兼容性要求等。基于这些调研结果，我们初步形成了一个功能需求列表，明确了开发方向和重点内容。

……

扫码查看

8.2.3 笔墨写作

笔墨写作是专注于文字写作的 AIGC 创作平台，该平台提供了述职报告、工作总结、心得体会、调研报告、年终总结、讲话稿、宣传材料、事迹材料、活动方案、汇报材料、经验材料、会议主持词、考察材料等公文类型的写作服务，以及 AI 校对、AI 润色等编辑功能，可以帮助用户快速生成高质量的文本内容，提高写作效率。

进入笔墨写作官方页面，登录个人账户，在"AI 写作"板块选择需要创作的公文类型选项，如图 8-13 所示，即可进入 AI 写作页面。

图8-13

在 AI 写作页面依次填写公文的编写要求，笔墨写作将生成公文大纲。用户在检查和修改大纲内容后，笔墨写作就可以继续生成完整的公文内容。

案例提示

示例：创作一篇述职报告。

工作背景：项目负责人年度述职。

写作周期：年报。

工作要点关键词：推进项目计划、加强团队协作、建设培训机制、健全管理制度。

AIGC工具选择：笔墨写作。

效果展示

年度述职报告

在过去的一年中，作为项目负责人，我始终坚守岗位，积极履行职责，致力于推进项目的顺利开展。接下来，我将就年度工作情况进行具体汇报。

一、工作总结

（一）推进项目计划，确保目标达成

1.细化计划步骤，项目进展有序

在工作中，项目成员常常会遇到这样或那

扫码查看

样的问题，需要不断调整、改进工作方法。为了使工作更加规范有序，我组织团队根据实际情况，编写计划表，采取"挂图作战"的方式，把整个项目细化为若干个阶段，每个阶段再细化为若干个小阶段，每个小阶段明确责任人和完成时限……

8.2.4 翰林妙笔

翰林妙笔是一款基于人工智能技术的公文写作辅助工具，专注于提供智能化的公文写作服务。用户只需输入基本需求和关键词，翰林妙笔便能迅速生成一篇满足用户需求的文章。翰林妙笔还具有强大的纠错能力，可以自动识别和纠正文章中的语法、拼写、标点符号等错误，还能润色文章，使公文更加流畅、专业。此外，用户如果需要根据模板生成符合自己需求的公文，翰林妙笔也提供了丰富的模板和素材，帮助用户节省寻找和整理素材的时间。

进入翰林妙笔官方页面，登录个人账户，在创作页面中选择"AI 公文写作"，如图 8-14 所示，进入 AI 公文创作页面。在创作页面的右侧选择文稿类型，再依次设置写作场景、标题与关键词并提交，翰林妙笔将自动生成文稿内容。在生成文稿的过程中，用户可以根据需要依次编辑摘要、大纲等内容，使文稿内容更加符合自身的需求。

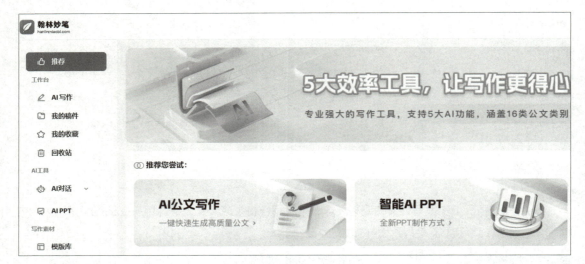

图8-14

案例提示

示例：创作一篇意见建议类公文。

写作场景：公司安全生产管理改进建议。

标题：关于加强企业日常安全生产管理的建议。

关键词：安全设备、设施的更新、改造和维护；劳动防护用品配备；安全生产宣传、教育和培训。

AIGC工具选择：翰林妙笔

效果展示

关于加强企业日常安全生产管理的建议

一、安全设备、设施的更新、改造和维护

1. 定期评估安全设备、设施的运行状况，制订科学合理的更新、改造计划。

2. 加大对安全设备、设施的资金投入，引进先进的技术和设备，提高安全防范能力。

3. 建立健全安全设备、设施的维护保养制度，明确责任，确保设备、设施的正常运行。

扫码查看

4. 加强对安全设备、设施操作人员的培训，提高其操作能力和安全意识。

……

技能练习

请你选择AI公文写作工具，生成一篇关于"安全教育"的发言稿，要求如下。

（1）写作场景为"校园安全教育主题大会"。

（2）关键词为"校园安全、师生安全"。

（3）主题为"认真学习安全知识、提高安全防范意识、应对突发安全事件进行自救互救、预防安全事故发生"。

（4）具体内容为"消防安全、交通安全、饮食安全、人身财产安全等"。

（5）综合使用多个AI公文写作工具生成该发言稿，选择更符合需求的文稿，并修改优化其内容，使其完整、可用。

8.3　AI论文写作

　　论文是专门用于探讨某一学术问题或研究某一学术内容的文章，它是某一学术课题在实验性、理论性或观测性上，具有新的科学研究成果或创新见解的科学记录，或是某种已知原理应用于实际研究中取得新进展的科学总结。大学生、学者、科研人员，以及教育、医学等领域的工作者等，都需要通过创作论文来分享自己的研究成果，促进学术交流与合作。

　　通常来说，论文的创作是一个复杂的过程，研究人员需要围绕自己的研究对象确定一个新颖的选题，然后基于选题查阅大量资料，再根据论文的格式要求和写作要求完成论文内容的编写。在论文创作的每一个环节，都需要完成大量的相关工作。而AI论文写作工具则可以在各个环节为用户提供辅助支持，如帮助用户答疑解惑、提供参考文献、生成大纲和审阅初稿等，以提升其论文撰写的质量。目前，很多AI论文写作工具的使用方法都比较类似，如知文·AI学术助手、AI智匠、锐智AI等都提供便捷、智能的论文写作服务。

8.3.1　AI学术研究助手

　　AI学术研究助手是一款论文资料检索辅助工具，具有AI增强检索、AI辅助研读、AI辅助创作等功能，提供面向学习与科研的全流程、场景化服务，可以大幅提高研究效率与质量，用户仅需使用自然语言提问，即可直接快速获得答案。

微课

AI学术研究助手

　　下面以AI文献检索、AI文献综述创作为例，介绍AI学术研究助手的基本用法。

　　（1）搜索并进入AI学术研究助手首页，选择"开始使用"选项，进入"生成式知识服务"页面，如图8-15所示。该页面中提供了文献综述、学术趋势、全文翻译、文献速递、专家学者等功能。

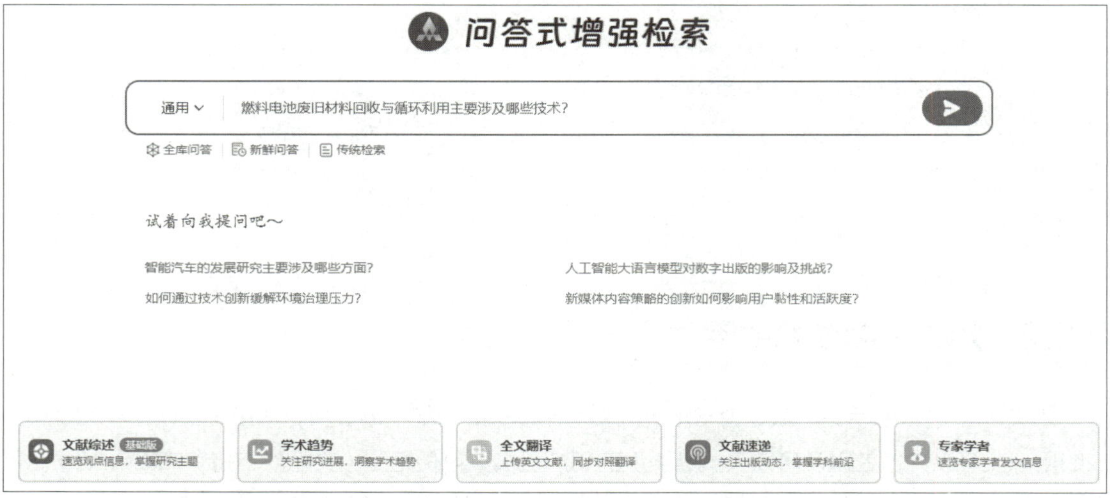

问答式增强检索

| 通用 ∨ | 燃料电池废旧材料回收与循环利用主要涉及哪些技术？ | ▷ |

⚙ 全库问答　📑 新鲜问答　▤ 传统检索

试着向我提问吧～

智能汽车的发展研究主要涉及哪些方面？　　　　　人工智能大语言模型对数字出版的影响及挑战？

如何通过技术创新缓解环境治理压力？　　　　　新媒体内容策略的创新如何影响用户黏性和活跃度？

| 文献综述 基础版 | 学术趋势 | 全文翻译 | 文献速递 | 专家学者 |
| 速览观点信息，掌握研究主题 | 关注研究进展，洞察学术趋势 | 上传英文文献，同步对照翻译 | 关注出版动态，掌握学科前沿 | 速览专家学者发文信息 |

图8-15

（2）在搜索框中输入检索指令，按"Enter"键，可以快速检索相关文献，作为论文写作的参考，如图8-16所示。

（3）在搜索框的"通用"下拉列表中选择其他选项，可以进行其他论文创作的辅助操作，如选择"文献综述"选项，可以进入"文献综述"页面，如图8-17所示。在该页面中输入文献综述的标题，再单击 ＋添加文献 按钮，在打开的页面中检索并添加参考文献，返回文献综述页面后，单击 生成文献综述 按钮，AI学术研究助手将基于用户选择的参考文献，生成综述全文（该功能为付费功能）。

图8-16

图8-17

8.3.2 知文·AI学术助手

知文·AI学术助手是一款专为学术研究和写作设计的智能辅助工具，适用于不同学科和学位层次的用户，可以为学者以及研究人员等类型的用户提供高效便捷的论文写作支持。知文·AI学术助手提供了一键生成论文初稿、智能创建论文大纲、文本润色与文献管理等功能，用户只需输入论文标题、关键词和专业领域，知文·AI学术助手就能迅速生成结构完整的论文大纲和初稿，为用户提供论文编写的思路和参考。

搜索并进入知文·AI学术助手首页，登录个人账户，在内容创作页面中设置学科类别、论文标题、论文字数、论文类型等，单击 10秒免费生成大纲 按钮，如图8-18所示，即可快速生成论文大纲，如图8-19所示。检查大纲的内容，可根据需要编辑大纲结构，包括添加、删除、修改等，如需生成论文初稿，则要单击 点击生成全文 按钮（该功能为付费功能）。

图8-18

图8-19

8.3.3 AI智匠

AI智匠是一款专注于学术写作的智能辅助工具，提供论文大纲生成、论文初稿生成、论文查重与降重、论文标题推荐等功能。用户只需要输入论文的题目、关键词等基本信息，AI智匠就能够自动生成符合用户需求的论文大纲和初稿。在论文大纲和初稿生成后，用户也可以基于AI智匠编辑和修改论文大纲和内容，以符合个人的写作风格和学术要求。

搜索并进入AI智匠首页，登录个人账户，在内容创作页面中设置论文类型、论文字数、学科类别、论文题目等，单击 10秒生成大纲 按钮，如图8-20所示，即可快速生成论文大纲。

图8-20

学思启示

近年来，随着 AI 技术的飞速发展，AI 工具辅助论文撰写逐渐成为新趋势。但 AI 不能替代研究者的创作身份，使用 AI 工具也不是鼓励抄袭或代写等违背学术道德的行为。遵守学术道德与规范是每位研究者不可推卸的责任，它关乎学术界的公正、诚信与健康发展，AI 工具只能作为研究者构建思路、获取灵感的辅助手段，而不能替代研究者主动思考与创新。

技能练习

请你选择任一 AI 论文写作工具，生成一篇关于"AI 技术对未来教育的影响"的论文大纲，要求如下。

（1）拟定论文标题，要求与"AI 技术在教育领域的应用""AI 技术对未来教育发展的影响"相关。

（2）论文大纲结构中需包含"AI 技术在教育领域的应用""AI 技术与学科创新发展方向""AI 技术与教学辅助""未来人才培养"等内容。

（3）论文类型为毕业论文，字数不低于 8 000 字。

8.4 AI信息搜索

传统的信息搜索主要依靠搜索引擎和关键词，即用户在某个搜索引擎中列举关键词进行检索，搜索引擎基于该关键词列出大量相关搜索结果，用户再在搜索结果中筛选自己需要的信息。如果关键词提炼不确定、不全面，则会直接影响搜索结果。也就是说，如果用户没有掌握一定的搜索技巧，就可能无法获得精确的信息。AI 技术的发展为信息搜索提供了更多可能，使得信息搜索变得更加便捷、精确。

使用 AI 搜索工具，用户可以直接获取搜索结果，不必在海量的搜索结果中进行筛选。同时，AI 搜索工具对于关键词的要求也没有传统搜索引擎严格，这是因为 AI 搜索工具可以基于强大的语义分析与理解功能，为用户提供更为智能的搜索和推荐服务。因此，用户无论是在生活、学习中还是在工作中，使用 AI 搜索工具都可以在很大程度上提高搜索效率和质量。

8.4.1 秘塔AI

秘塔 AI 是一款 AI 搜索工具，具有搜索结果纯净、直达用户需求的特点，它能够深入理解用户的问题，提供精准的搜索结果，同时能够基于搜索结果标注信息源，确保信息的可靠性。秘塔 AI 还能提供与搜索信息强相关的其他信息，罗列出思维导图、大纲等，便于用户直接跳转搜索和查看。

在使用秘塔 AI 搜索工具时，用户可以直接提出问题进行检索，如"请给我推荐一些关于悦纳自我的心理学书籍"，秘塔搜索将基于该问题，推荐相关内容，并标注信息来源。用户单击推荐结果中的数字标注，即可打开信息来源，以验证和评估信息的正确性、时效性等。

微课

秘塔 AI

下面以搜索"2024年大疆的全球销售情况"为例，介绍秘塔AI的使用方法。

（1）搜索并进入秘塔AI首页，在文本框中输入"2024年大疆的全球销售情况"，在左下角的下拉列表中设置搜索范围，这里选择"全网"，在搜索框下方选择程度，其中"简洁""深入""研究"3个程度代表着由低到高3个层次的信息量和信息深度，这里选择"深入"选项，如图8-21所示，然后按"Enter"键，秘塔AI将列出检索结果，如图8-22所示。

图8-21　　　　　　　　　　　　　　　　　图8-22

（2）在搜索结果中，秘塔AI还通过数字序号标注信息来源，单击序号，可以打开信息来源，评估信息的权威性、可靠性。

（3）在搜索结果下方，秘塔AI列出了与搜索内容相关的事件（见图8-23）、组织和人物，同时标注信息来源，以便用户对信息进行溯源、评估。

（4）在搜索结果右侧，秘塔AI列出了与搜索内容相关的信息大纲（见图8-24）和思维导图，同时标注信息来源，便于用户系统地归纳信息。单击信息大纲中的具体条目，可快速跳转搜索相关信息。

图8-23

图8-24

8.4.2　天工AI

　　天工 AI 是一款融入大语言模型的 AI 搜索产品，其主要功能包括 AI 搜索、知识问答、文章撰写、代码生成、语言翻译等，支持文件的上传与内容的解析与总结。其中的 AI 搜索功能，支持用户通过自然语言表达搜索意图，天工 AI 将基于对该语言的理解提供有效组织和提炼后的搜索答案。此外，天工 AI 还会为搜索结果标注信息来源，用户如果想要将搜索结果整理成更加系统、全面的知识体系，也可以通过天工 AI 的"宝典"功能生成更加详细的信息。

　　下面以使用天工 AI 搜索"试用期"的相关信息为例，介绍其使用方法。

　　（1）搜索并进入天工 AI 首页，在搜索框中输入《中华人民共和国劳动法》中关于试用期的规定有哪些？"，在搜索框上方设置搜索形式，可选择"简洁"或"高级"选项，在搜索框左下方设置搜索范围，可选择"全网搜索""文档搜索""学术搜索"选项，这里依次选择"简洁""全网搜索"选项，如图 8-25 所示，按"Enter"键。

微课

天工AI

　　（2）天工 AI 将显示搜索结果，并在搜索结果中标注信息来源，如图 8-26 所示。

<table>
<tr><td>图 8-25</td><td>图 8-26</td></tr>
</table>

　　（3）完成搜索后，可在搜索结果的最下方继续输入问题进行追问，或对搜索结果进行复制、编辑等操作。

　　（4）单击页面右侧的 进入宝典 按钮，在打开的页面中，天工 AI 将进一步把搜索结果整理成系统、全面的知识体系，如图 8-27 所示，以满足用户的多样化需求。

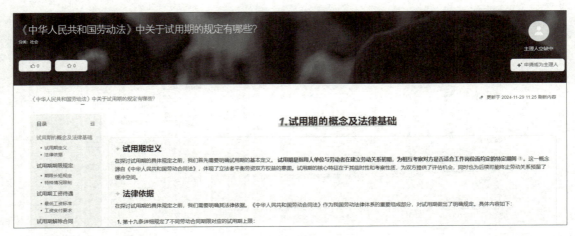

图 8-27

8.4.3　360AI搜索

360AI 搜索是一款智能答案搜索引擎，它将大模型与搜索结合，可自动提炼、整合、重组信息，为用户呈现最终答案，提高搜索效率。360AI 搜索提供了简洁回答、标准回答、深入回答、慢思考模式、多模型协作等搜索类型，如图 8-28 所示，以满足用户在不同场景下的搜索需求。其中简洁回答、标准回答、深入回答代表着搜索结果的信息量和信息深度；多模型协作即综合调用文心一言、360 智脑、豆包等其他大模型的搜索结果，自动校准初步搜索的答案并继续给出优化建议；慢思考模式即通过模拟人类的思维过程来提供更准确、更全面的答案。在慢思考模式中，360AI 搜索会先将复杂问题分解为多个简单步骤，再逐步推理、反思并纠错，最终提高答案的准确性和全面性。

图 8-28

360AI 搜索的使用方法与其他 AI 搜索工具类似，进入 360AI 搜索首页，在搜索框中输入问题，在搜索框下方选择搜索模式，按"Enter"键，360AI 搜索将基于问题给出最终答案。在搜索结果中，360AI 搜索同样会标注信息来源，并提供参考资料、参考图片和思维导图等，如图 8-29 所示。

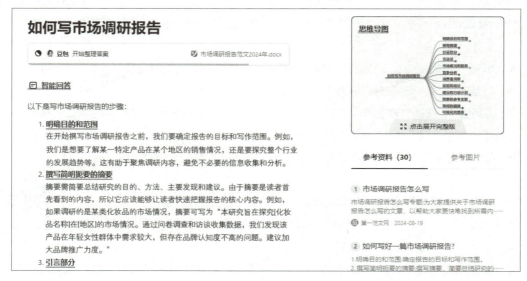

图 8-29

请你选择任一AI搜索工具，搜索"如何写市场调研报告"，要求如下。

（1）如果搜索结果不符合实际需求，可以继续追问，直到得到较理想、全面的答案。

（2）更换搜索类型，如360 AI搜索的简洁回答、标准回答、深入回答、慢思考模式、多模型协作等类型，尝试获取不同的搜索结果。

（3）对搜索结果进行编辑、改写等，使其形成一个完整、系统的知识文档。

8.5　AI营销与文案撰写

在这个数字化浪潮席卷全球的时代，内容创作已经成为企业营销战略中的核心组成部分。无论是微信、小红书等社交媒体上的文章、图片或视频，还是淘宝、京东等购物网站上的广告文案，高质量的内容都是吸引和保持用户关注的关键。然而，随着信息量的爆炸性增长，文案创作者们面临着一个艰巨的挑战：如何在保持内容质量的同时，快速且大规模地生产出吸引人的内容？

AI营销与文案撰写工具的出现，为提高内容创作的质量与效率提供了可能。通过AI营销与文案撰写工具，文案创作者可以在短时间内创作出大量个性化、有针对性的文案，并将其应用到社交媒体营销、产品描述、客户服务等多个场景中。

8.5.1　灵感岛

灵感岛是一款基于人工智能技术打造的AIGC内容创作工具，致力于解决文案创作者在创作内容时所遇到的质量和生产效率问题，以及日常生活中特殊场景、特殊人群的内容创作难题。作为一款专业的内容创作工具，灵感岛提供了AI视频智能生成、AI图片生成、多场景AI营销文案创作、AI音频创作等功能，可以有效提升文案创作者的生产效率，开拓文案创作者的写作思路。

- **AI视频智能生成**。支持智能混剪、一键成片、解构并复刻热门视频、一键生成脚本等。
- **AI图片生成**。支持一键生成图片、背景图替换等。
- **多场景AI营销文案创作**。支持小红书、视频脚本等文案内容的生成，营销文案标题、大纲及全文内容的生成，以及优质文案因子分析及内容复刻。
- **AI音频创作**。支持基于台词文案自动生成配音音频，支持一键提取口播文案内容。

下面以使用灵感岛生成短视频脚本为例，介绍其使用方法。

（1）搜索并进入灵感岛首页，选择"体验入口"选项，进入内容创作页面。选择"AI创作中心"选项，如图8-30所示。

（2）在打开的页面中输入创作要求，这里输入"请帮我创作短视频脚本。脚本类型：探店。脚

微课
灵感岛

本内容：拍摄场地／咖啡店；视频主题／假日里悠闲的一天；城市／上海；天气／晴朗；月份／4月。
视频长度：3～5分钟。文案要求：简单。"

（3）按"Enter"键，灵感岛将自动根据创作要求生成脚本内容。

图8-30

<table>
<tr><td>

案例提示

　示例：创作短视频脚本。

　脚本类型：探店。

　脚本内容：拍摄场地／咖啡店；视频主题／假日里悠闲的一天；城市／上海；天气／晴朗；月份／4月。

　视频长度：3～5分钟。

　文案要求：简单。

　AIGC工具选择：灵感岛

</td><td>

效果展示

　画面1：

　场景：上海街头的咖啡店前。

　景别：中景。

　镜头：慢镜头推进至咖啡店门面。

　时长：15s。

　内容：阳光洒在咖啡店的木质招牌上，街道上行人稀少，偶有几位路过的行人进店。

　文案："在这晴朗的日子里，寻找一份悠闲"。

　音乐／音效：轻柔的吉他弹奏声，搭配鸟鸣和微风的声音。

　……

扫码查看

</td></tr>
</table>

8.5.2　知意AI

　　知意AI是一款专为提高文案写作效率而设计的文案写作工具，支持社交媒体、视频、电商等多种写作场景，用户只需根据自身需求填写关键词，选择生成内容类型，即可轻松获得个性化的文案。知意AI还能润色已有的文本，改变文字风格，使文案内容与风格更加个性化。

微课

知意AI

　　下面以使用知意AI创作小红书文案为例，介绍知意AI的用法。

　　（1）搜索并进入知意AI首页，单击 立即使用 按钮，进入内容创作页面，在页面左侧的导航栏中选择"创作"选项。

　　（2）在打开的页面中选择需要创作的文案类型，这里选择"小红书文案"，如图8-31所示。

　　（3）在打开的页面中设置小红书文案的创作类型、内容主题、内容关键词、字数要求、写作风格和内容要求等，设置完成后单击 立即生成 按钮，在页面右侧将显示知意AI创作的完整文案。

图8-31

案例提示

示例：创作小红书营销文案。

创作类型：穿搭。

内容主题：推荐一套夏季穿搭。

内容关键词：连衣裙、半身裙、衬衣、凉鞋、饰品。

字数要求：200字以内。

写作风格：轻松。

内容要求：口语化表达。

AIGC工具选择：知意AI

效果展示

★★夏日清新穿搭，轻松展现优雅魅力！★★

👗连衣裙飘逸又柔美，是夏日的不二选择。但半身裙+衬衣的组合，也能穿出别样风采哦！👕

👡搭配一双简约凉鞋，拉长腿部线条，显得轻盈又时尚。👠

💎别忘了小饰品，它们能瞬间提升整体造型感，让你在夏日里闪闪发光。💍

⚙️快来试试这套穿搭，让你轻松成为夏日焦点！👤
#夏日穿搭#连衣裙#半身裙#衬衣#凉鞋#饰品搭配

8.5.3 长臂猿AI

　　长臂猿AI是一款基于人工智能技术开发的AIGC创作服务平台，致力于为职场人士提供高效的内容创作辅助，可以应用于写文案、写方案、写代码、做策划、写报告、做营销等多个方面。企业可以用长臂猿AI提高营销效率，降低营销成本；个人也可以用长臂猿AI获取灵感，寻找创作思路等。

微课

长臂猿AI

　　下面以使用长臂猿AI创作直播带货的口播文稿为例，介绍长臂猿AI的使用方法。

　　（1）搜索并进入长臂猿AI智能创作平台，选择"直播带货口播文稿"选项，如图8-32所示，在打开的页面中再次选择场景类型，如可以选择开场聚人阶段口播创作、直播中留客锁客口播创作、直播催单下单口播文案创作等。

　　（2）选择场景类型后，在右侧设置相关内容，如选择"直播带货口播文稿"选项，需要设置产品名称、产品亮点、优惠等。

（3）设置完成后，单击 ⚡智能创作文案 按钮，长臂猿 AI 将自动创作相关文案内容。文案创作完成后，文案写作人员可以继续在页面上进行扩写、改写、简写、续写等操作。

图8-32

案例提示

示例：创作直播带货口播文稿。

产品名称：布艺收纳箱。

产品亮点提炼：防潮防尘、66 L 大容量、可折叠、可视窗、无异味、侧边提手、支撑能力强。

优惠信息：买三送一。

AIGC工具选择：长臂猿AI

效果展示

家人们，看看我手里这款居家收纳的小能手——超实用布艺收纳箱，它简直是整理杂物的好物！你们别看这箱子的样子简简单单，功能却非常强大，我们来看看细节！

首先说说这个防潮防尘功能，对于南方的家人们来说，是不是害怕潮湿天气，家里的小物件总容易发霉？这个收纳箱就可以解决这个问题，它的面料是特殊处理过的，能够有效隔绝潮气，灰尘也别想钻进去！

扫码查看

再看这个容量，66 L 的大肚子，真的是很能装！小朋友的玩具、换季的衣服、书籍资料，统统"一网打尽"……

技能练习

请你选择一个AI营销与文案撰写工具，创作一篇微信公众号推文，要求如下。

（1）内容主题为"你吃的东西，会影响你的心情"。

（2）内容场景为"饮食科普"。

（3）内容描述为"在营养学中，高脂肪、高糖、高精制碳水化合物、高盐和果蔬比例较低的食物被认为是一种不太健康的饮食。而以地中海地区传统饮食为基础形成的地中海饮食，则被认为是一种健康的饮食。那么，食物究竟是如何影响个人的身心健康的呢？"。

（4）文案的语言风格为"轻松、通俗"，字数在"500字以内"。

8.6   其他高效的AIGC辅助办公工具

在数字时代，AI 技术正在重塑人们的工作与生活方式。众多高效的 AIGC 辅助办公工具借助 AI 技术，助力创作，让文案创作者能够迅速产出优质内容。无论是设计、写作还是艺术领域，文案创作者都能找到适合自己的强大工具。同时，AIGC 辅助办公工具还有 AI 阅读、AI 图像编辑、AI 笔记、AI 招聘、AI 翻译、AI 数据分析等类型的多种工具，在不同的领域帮助文案创作者提高创作效率。

8.6.1   AI阅读：知我AI

知我 AI 是一款集智能阅读、知识管理于一体的综合性 AI 助手，其核心功能之一是智能阅读与总结。知我 AI 能够快速提炼和总结各类文档的要点，生成简洁明了的摘要，帮助用户迅速掌握文档的核心内容，还能根据用户的需求，自动生成结构化的思维导图，帮助用户把握内容的主体框架和逻辑关系。此外，知我 AI 还具备智能分类管理功能，能够自动将用户的知识库进行分类整理，实现碎片化信息的有效整合。这种统一存储和管理的方式，不仅方便了用户的检索和调用，还大大提高了知识管理的效率。

知我 AI 的使用方法与其他 AI 工具类似，搜索并进入其官方页面，选择"在线使用"选项进入知我 AI 应用页面，在该页面中选择需要使用的功能，如图 8-33 所示。另外，文案创作者选择相关的功能后，上传文件或输入链接地址，即可快速完成文档的阅读、总结，思维导图的生成等，也可以上传文档自动构建知识库。

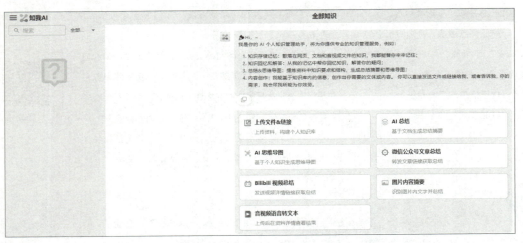

图 8-33

8.6.2   AI修图：360智图

360 智图是一站式 AI 图片创作平台，可以为运营、市场、设计等多个领域的文案创作者提供找图、编辑、生成图片等多样化的功能，还可以快速生成广告图像、社交媒体图片、产品图片、宣传海报等。360 智图的图片编辑功能十分强大，涵盖 AI 抠图、4K 无损放大、AI 消除、AI 商品图、简笔涂鸦变插画、批量 AI 去背景、批量高清放大、AI 画质增强、AI 去水印、批量去水印、AI 证件照等。

　　搜索并进入 360 智图首页，如图 8-34 所示，在其中选择需要使用的图片编辑功能，在打开的页面中上传需要编辑的图片，然后在页面左侧的设置栏中进行相关设置或操作，即可实现图片的编辑。

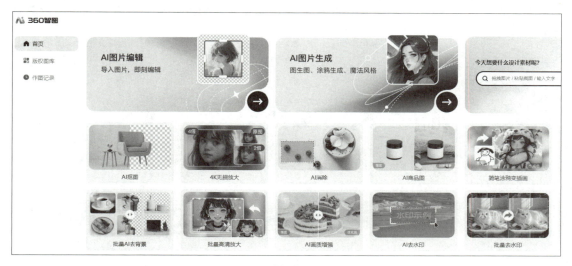

图 8-34

案例提示

示例：一键生成商品图。

功能：AI 商品图。

应用场景：竖版视频封面 9∶16。

风格：现代主义 / 温馨室内

AIGC 工具选择：360 智图

原图：

效果展示

8.6.3　AI听记：通义听悟

　　通义听悟是一款工作学习 AI 助手，可以将音频中的语音实时转写成文字，也支持上传音视频文件，并将文件内容转写成文字，同时智能提炼全文概要、章节速览、发言总结等内容，帮助用户快速把握音视频内容的重点。在实际的应用场景中，通义听悟可为企业用户提高会议、面试、访谈、培训、客户交流等场景的信息提取效率；可帮助学生快速总结在线课程的知识点，提高复习的针对性；可帮助个人用户对存储的音视频内容进行转写、翻译，并提炼核心内容。

搜索并进入通义听悟首页，如图 8-35 所示，如果需要实时录制声音，并将其转化为文字或同步翻译，可以选择"开启实时记录"选项；如果需要解析已有的音视频文件并转化总结，可以选择"上传音视频"选项，并在打开的页面中选择并上传文件；如果需要解析播客内容，则选择"播客链接转写"选项。

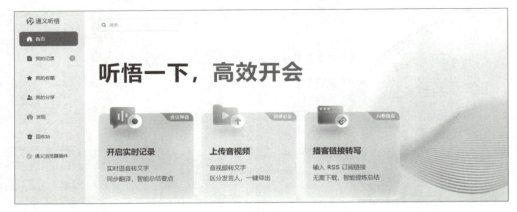

图 8-35

8.6.4 AI招聘：YOO简历

YOO 简历是一款专注于 AI 辅助写简历的在线服务产品，提供 AI 在线简历辅助编辑器，能够智能续写、润色、生成自我评价等，帮助用户轻松完成简历初稿；支持利用 AI 技术深度分析简历内容，以提供优化建议和评分诊断，帮助用户提高简历质量；还可以根据用户的简历和求职意向，智能匹配合适的岗位，提供精准的投递建议。此外，YOO 简历还提供了大量的简历模板，可以降低用户写作简历的难度，帮助用户快速写出能获得更高面试率的简历。

搜索并进入 YOO 简历首页，如图 8-36 所示，用户可以直接在搜索框中输入意向岗位名称，一键生成简历初稿；也可以选择导入简历，使用在线简历编辑、AI 简历分析功能，优化和分析简历内容，使用 AI 岗位探测功能精准探测意向岗位，了解意向岗位的薪资、岗位匹配度等。

图 8-36

8.6.5 AI翻译：百度翻译

百度翻译是一款智能翻译工具，支持全球 200 多种语言的互译，还提供了文档翻译、图片翻译、拍照翻译、语音翻译等多种翻译模式，以满足用户在不同场景下的翻译需求。例如，在外语教学场景中，百度翻译可以通过实时句子翻译、单词释义等，助力师生阅读、写作。在文献阅读场景中，百度翻译可以快速准确地翻译各种文献资料，帮助人们更好地理解和掌握相关领域的学术知识。此外，在其他需要使用翻译服务的场景，如旅游服务、国际交流、媒体传播等，百度翻译也可以发挥积极的作用。

搜索并进入百度翻译首页，如图 8-37 所示，选择"AI 大模型翻译·高级版"功能，在左侧的文本框中输入需要翻译的文本或上传图片，百度翻译将自动完成内容的翻译并显示结果。

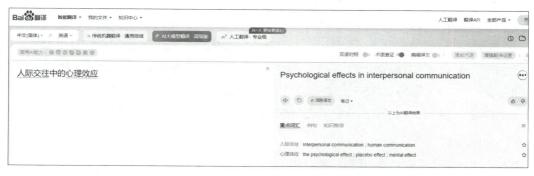

图8-37

8.6.6 AI数据分析：办公小浣熊

办公小浣熊是一款智能数据分析工具，可以帮助用户分析数据，实现数据的可视化展示。用户只需要提供相关数据文档，并描述自己的数据分析需求，办公小浣熊就能自动进行数据清洗、数据运算、比较分析、趋势分析、预测性分析、可视化等，从而将复杂数据转化为直接可用的分析结果，适用于财务分析、商业分析、销售预测、市场分析等应用场景。

搜索并进入办公小浣熊首页，单击页面下方的输入框，在输入框右侧单击⫻按钮上传文档，然后在输入框中输入数据分析需求，如图 8-38 所示，按"Enter"键，办公小浣熊将基于对文档内容的解读自动生成分析结果，并将部分数据以图表的形式展示出来。

图8-38

实战演练

任务1 利用讯飞公文撰写员工晋升请示

请示是一种正式的沟通方式，通常用于下级向上级、员工向领导或部门之间进行请求指示、批准或建议的场合。例如，在项目管理中向上级请示资源、预算的调拨，在人事管理中向上级请示员工晋升、调动或解雇等人事决策，面对突发危机时向上级请示以获取指导等。请示的主要目的是获得明确的指导或支持，因此请示应该明确问题、背景，同时提出可能的解决方案、预期的结果和影响等，以便上级能够快速、准确地理解和回应。

1. 需求分析

王文带领的市场推广项目一组在过去的一年中取得了不错的成绩，团队中的张一杰更是表现突出，为新产品的市场推广做出了重要的贡献。于是，王文打算向市场推广部经理建议，将张一杰晋升为项目二组的项目主管。王文计划写作一篇请示，在他尝试了各种 AIGC 辅助办公工具后，决定使用专门的 AI 公文辅助创作工具——讯飞公文来完成这一篇请示的初稿写作，以求在内容、语言上更加专业、简洁、明了。

2. 思路设计

利用讯飞公文撰写并优化请示时，我们可以按照以下思路进行设计。

- **明确请示缘由与内容。**请示缘由与内容主要用于说明请示的问题和背景，这是请示的主体。例如，本请示是为了鼓励员工，嘉奖其优异表现，因此建议为其晋升。
- **提供基本信息。**使用 AI 公文辅助创作工具时，需要向其提供基本信息，以确保内容生成的准确性。这里需要提供的信息包括请示的问题、背景、方案，以及发文机关、主送机关等。
- **内容优化与调整。**生成初稿后，必须检查请示的内容和细节，确保请示内容无语法、标点符号、字词等错误，同时确保请示的内容符合实际需求。

请示的最终参考效果如图 8-39 所示。

关于员工晋升的请示

市场推广部×经理：

根据员工晋升条例，在对员工工作业绩考核的基础上，通过个人申报、部门评议、公司审批，现将张一杰同志晋升为项目二组的项目主管的请示汇报如下：

一、基本情况

张一杰，男，1989 年 1 月出生，汉族，本科学历，2022 年 7 月加入公司，现任市场推广部项目一组地推组组长。

加入公司以来，该员工认真学习，努力工作，积极进取，踏实肯干，服从领导安排，团结同事，能够胜任本职工作，成绩突出。

二、主要表现

（一）思想上：该员工热爱销售行业与销售工作，且能主动学习业务知识及公司的规章制度，思想积极向上。

（二）工作上：入职三年来，该员工工作认真负责、勤勉敬业、具有强烈的责任心，能够高标准地完成本职工作；能够及时、有效地执行公司各项管理制度和销售政策；独立开发客户达 15 位，完成销售额超过五百万元。

（三）学习上：该员工利用工作之余不断学习专业知识和技能，丰富自己的知识，提升自己的能力。

三、拟晋升原因

张一杰同志自入职以来，一直勤奋踏实、认真工作，具备一定的专业素养，对自己有较高的要求，始终脚踏实地向目标迈进；工作态度端正，吃苦耐劳，具有团队合作精神和较强的责任感。综合上述因素，特建议将其晋升为项目二组的项目主管。

妥否，请批示。

市场推广部项目主管王文

××××年××月××日

图8-39

3. 操作实现

微课

利用讯飞公文
撰写员工晋升
请示

利用讯飞公文撰写并优化请示的具体操作如下。

（1）在浏览器中搜索"讯飞公文"，进入其应用页面后，选择"更多文体"选项，在打开的面板中选择"请示"选项，如图8-40所示。

（2）在打开的面板中输入请示的标题，如图8-41所示，然后单击 下一步 按钮。

图8-40 图8-41

（3）在打开的面板中输入请示缘由、请示内容，如图8-42所示，单击 下一步 按钮。继续在打开的面板中输入主送机关、发文机关等信息，单击 生成全文 按钮。

（4）讯飞公文将自动生成请示的内容。仔细阅读并检查请示的内容，对其不符合要求的部分进行修改、调整。然后选择标题，在页面顶部的工具栏中将其字号设置为"小二"，如图8-43所示。继续选择正文内容，将其字号设置为"小四"。选择请示人，在页面顶部的工具栏中将其对齐方式设置为"右对齐"。

（5）单击页面右上角的"下载"按钮 ，将完成后的请示下载并保存到本地计算机上。

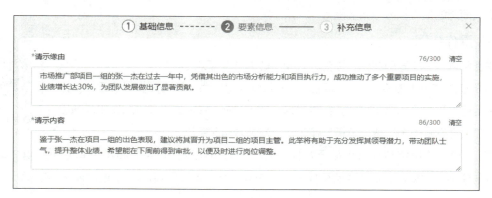

图8-42

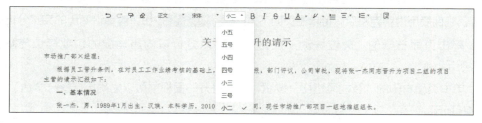

图8-43

任务2　利用YOO简历制作个性化个人简历

　　个人简历是求职过程中的重要工具，通常来说，大学生毕业后正式步入职场时，就需要依靠个人简历来展示自己，以求应聘到理想职位。在工作中，如果个人职业规划发生变化，也需要重新制作符合自己当前需求的个人简历，以顺利跨入新的职业环境或职业领域。个人简历以展示自己为主，因此需要包含个人信息、教育背景、工作经验、技能、荣誉和奖项、兴趣爱好等内容，且这些内容的描述应简洁、清晰、专业，这样才能帮助求职者获得面试机会。

1. 需求分析

　　蔡雯临近毕业，准备针对自己的理想职位制作一份个人简历，并投递到意向企业。但简历如何做？应该用什么样式？教育背景、工作经验、个人技能如何写才能彰显自己的能力，并吸引招聘人员的注意力？这些蔡雯都不清楚。因此她决定从优秀的个人简历范例中学习经验，她打算使用YOO简历生成简历范文，在此基础上不断修改、完善，以使简历更加专业、美观、个性化。

2. 思路设计

　　蔡雯利用YOO简历制作个人简历时，可以按照以下思路进行设计。

● **生成初稿**。基于意向职位与个人求职信息生成个人简历初稿，并调整其内容与模板，使其符合自己的实际需求。

● **分析内容**。个人简历初稿的内容是否全面、专业、有针对性？可以通过智能分析来获取参考意见，增加必要模块与信息。

● **岗位探测**。个人简历符合哪些企业的需求？薪资标准如何？可以通过岗位探测了解相关信息。

● **美化简历**。确保简历内容无误后，可以整体美化简历，使其风格统一、和谐，视觉效果美观。个人简历的最终参考效果如图8-44所示。

3. 操作实现

微课

利用YOO简历制作个性化个人简历

　　蔡雯利用YOO简历制作个性化个人简历的具体操作如下。

　　（1）在浏览器中搜索"YOO简历"，进入其应用页面，单击 导入简历 按钮，在打开的对话框中双击简历信息文档，完成导入，YOO简历将根据该基本信息生成简历初稿。在页面右侧单击"智能分析"按钮 ，如图8-45所示。

　　（2）YOO简历将智能分析简历初稿，并给出分析建议。在页面右侧查看分析建议中的"重点问题与说明"，依次添加必要信息模块，单击 引用 按钮即可自动将该建议模块加入简历中，如图8-46所示。

　　（3）在添加的模块中填入内容，然后添加其他必要模块，如荣誉奖项、技能特长等，逐步完善简历的内容。确保简历内容完整后，可单击页面下方的 查看完整分析报告 按钮，查看该简历的完整分析报告。

　　（4）单击页面右侧的"岗位探测"按钮 ，可以分析该简历适配的企业岗位与薪资，如图8-47所示。

　　（5）单击页面右侧的"智能风格化"按钮 ，在打开的面板中可以为简历选择一个合适的版式，如图8-48所示。

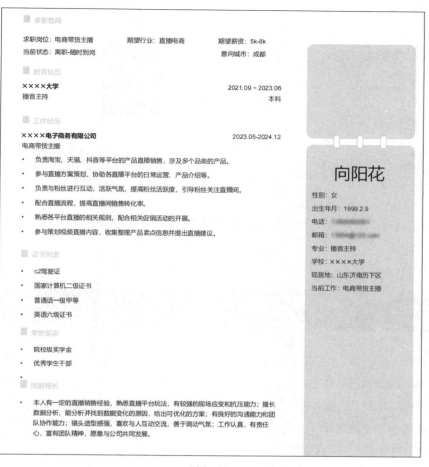

图 8-44

图 8-45

图 8-46

图8-47   图8-48

（6）简历设计完成后，单击页面右上角的 按钮，可以将简历以 Docx、PDF 的格式保存。

本章实训

1. 假设你正在阅读《水浒传》，想要梳理该书的信息，以制作读书笔记。请你选择一个 AI 思维导图生成工具，梳理自己需要的读书笔记结构，生成思维导图，并合理使用图标标记重点内容。

2. 学校组织开展"饮食文化节"活动，请你使用 AI 公文辅助创作工具，创作一篇关于家乡美食的演讲稿，为家乡美食做宣传。

3. "社保是什么？""社保如何缴纳？""社保领取条件与标准是什么？"请你试着使用 AI 搜索工具了解这些问题的答案，并生成一篇详细的科普文章。

4. 假设你要在朋友圈推荐一家甜品店，请你试着使用 AI 营销文案创作工具创作一篇适用于朋友圈推广的文案。

5. 有一篇介绍"健康膳食"的微信公众号推文，现需要为其设计一张横屏插图，请你使用 360 智图来制作该插图，要求图片内容、风格与公众号推文的内容相符合。

6. 大学毕业以后，你希望自己在什么行业、什么领域工作？请你根据自己的理想职业，设计一份内容完整的个人简历，并合理美化个人简历，使其专业、美观。

易用性

● **直观的操作界面**

智能手环采用了简洁明了的用户界面设计，图标和文字清晰可见，即使是初次使用的用户也能快速上手。主屏幕显示时间、日期和天气信息，滑动屏幕即可查看步数、心率等健康数据。此外，智能手环还支持自定义表盘，用户可以根据个人喜好选择不同的风格，让使用体验更加个性化。

● **快速设置与同步**

智能手环支持蓝牙和Wi-Fi双模式连接，首次配对只需几分钟即可完成。通过配套的手机应用，用户可以轻松进行各项设置，如通知提醒、运动目标等。智能手环还会自动同步最新的健康数据，确保用户随时掌握自己的身体状况。即使在没有手机的情况下，智能手环也能独立记录数据，并在重新连接后自动上传。

◀ 使用AIGC 工具制作的智能手环发布会演示文稿

欢迎来到世界文化遗产之——丽江古城

◀ 使用AIGC 工具制作的旅游推广短视频

第 **9** 章

AIGC应用综合案例

　　在各类AIGC工具的助力下，内容创作领域迎来了前所未有的变革。文案创作者们不再受限于自身想象力和有限的创作资源，无论是文学作品的构思与撰写，还是视觉图像的设计与绘制，亦或是视频脚本的策划与编排，都能借助AIGC工具高效且精准地完成。这不仅极大地提高了文案创作者的创作效率，也让作品的质量迈上了新的台阶。

学习引导

	知识目标	素养目标
学习目标	1. 掌握各类AIGC工具在实际场景中的应用 2. 掌握利用AIGC工具进行多领域项目策划与设计的流程与方法	1. 突破传统思维，敢于创作独特、新颖且具有前瞻性的作品 2. 提升综合能力，能够在不同情境下灵活运用所学知识来解决实际问题
课前讨论	1. 当我们遇到问题时，AIGC工具能否提供即时的解决方案或建议？AIGC工具能否自动检测并纠正我们在解决问题过程中的错误？ 2. 在日常工作中，AIGC工具是否能够自动处理一些重复性高、耗时多的任务，从而提高工作效率？	

9.1 综合案例1：AIGC辅助产品宣传方案的生成

产品宣传方案是一份详细的营销文档，旨在通过一系列策略和活动来提升产品知名度、吸引潜在消费者、增强市场竞争力，并最终促进产品销售。一篇优秀的产品宣传方案，需要精准把握目标市场的需求和偏好，同时清晰地传达出产品的独特卖点和价值主张。借助 AIGC 工具，文案创作者可以快速生成高质量、定制化的产品宣传方案，从而极大地提高文案创作的效率。

9.1.1 一键生成产品宣传方案大纲

要生成产品宣传方案的大纲，文案创作者首先需要选择合适的 AIGC 工具，然后根据该工具的功能和优势规划具体的内容创作流程。下面使用文心一言一键生成按摩椅的宣传方案大纲，其具体操作如下。

微课

一键生成产品宣传方案大纲

（1）在浏览器中搜索"文心一言"，进入其应用页面后，在下方的聊天框中输入提示词"假如你是一名优秀的产品经理，请你为公司即将上市的新品——悦享按摩椅写一份产品宣传方案大纲。"，完成后按"Enter"键获取结果。

Q

假如你是一名优秀的产品经理，请你为公司即将上市的新品——悦享按摩椅写一份产品宣传方案大纲。

A

产品宣传方案大纲：悦享按摩椅

一、项目背景与目标

1. 市场背景分析

● 当前按摩椅市场概况：市场规模、增长趋势、消费者需求变化。

● 竞品分析：主要竞争对手产品特点、价格区间、市场占有率、用户评价。

● 市场缺口识别：未被充分满足的消费者需求点。

2. 产品定位

● 目标消费者群体：年龄、性别、收入水平、生活习惯、健康意识等。

......

扫码查看

（2）将文心一言生成的结果以"产品宣传方案大纲"命名保存到 Word 文档中留作备用，如果有不满意的地方，可以进行适当的修改。

9.1.2　智能扩写产品宣传方案

大纲可以为文案创作者提供一个明确的写作框架，而文案创作者通过大纲扩写正文内容，则可以确保文章的连续性，使文章条理清晰、逻辑严密，也可以让读者更容易理解和接受。下面使用文心一言智能扩写产品宣传方案，其具体操作如下。

微课

智能扩写产品宣传方案

（1）在文心一言下方的聊天框中单击"文件"超链接，在打开的页面中上传保存的"产品宣传方案大纲 .docx"文档，然后输入提示词"请根据大纲内容扩写正文，字数为 6000 字左右。"，完成后按"Enter"键获取结果。

Q

产品宣传方案大纲　1.2k 字

请根据大纲内容扩写正文，字数为6000字左右。

A

产品宣传方案大纲：悦享按摩椅

一、项目背景与目标

1. 市场背景分析

当前按摩椅市场概况

在当今快节奏的生活中，随着人们健康意识的日益增强和生活品质的不断

扫码查看

提升，按摩椅的需求量正经历着前所未有的快速增长。作为结合了现代科技与舒适体验的高端家电产品，按摩椅不仅能够有效缓解身体疲劳，提升生活质量，还逐渐成为现代家庭追求健康生活方式的重要标志。

......

（2）扩写产品宣传方案后，标题"产品宣传方案大纲：悦享按摩椅"没有任何变动，显然与实际不符，因此需要重新拟定标题。在文心一言下方的聊天框中输入提示词"请为这篇产品宣传方案撰写 3 个标题，要求突出'智能、舒适'这个核心卖点，每个标题不超过 20 字。"，完成后按

"Enter"键获取结果。

> **Q**
>
> 　　请为这篇产品宣传方案撰写3个标题，要求突出"智能、舒适"这个核心卖点，每个标题不超过20字。

> **A**
>
> 1. 智能悦享，舒适到家：悦享按摩椅
> 2. 智能按摩新体验，舒适生活每一天：悦享按摩椅
> 3. 智享按摩，舒适升级：悦享按摩椅

　　（3）将扩写的产品宣传方案以"产品宣传方案（未排版）"命名保存到计算机中，再修改其标题为"智能按摩新体验，舒适生活每一天：悦享按摩椅"。

9.1.3 为产品宣传方案智能配图

　　由于市场趋势和消费者需求在不断变化，产品宣传期间常常需要在短时间内对产品图进行调整或更新。因此，文案创作者使用 AIGC 工具来生成产品图是一个不错的选择。下面使用无界 AI 生成按摩椅图片，其具体操作如下。

微课

为产品宣传方案智能配图

　　（1）在浏览器中搜索"无界 AI"，进入其应用页面后，单击"AI 创作"选项卡，然后在"画面描述"聊天框中输入提示词"按摩椅，全身气囊按摩，腿足包裹造型，精致皮质感，高清大屏控制器，3D 渲染，4K 清晰，商业摄影。"，其他保持默认设置，最后单击 【立即生成】按钮，如图 9-1 所示。

图9-1

　　（2）使用相同的提示词生成其他样式的按摩椅，然后将这些图片下载到计算机中留作备用。

　　（3）在浏览器中搜索"文心一格"，进入其应用页面后，单击"AI 编辑"选项卡，然后在"AI 编辑"栏下方选择"智能抠图"选项，并上传图 9-1 中的图片。

（4）在打开的页面中选择需要保留的区域，然后单击 立即生成 2 按钮，如图9-2所示，再单击"下载"按钮，将抠除背景的图片下载到计算机中留作备用。

图9-2

9.1.4　生成产品宣传方案表格与图表

　　表格和图表是将数据与信息进行可视化呈现的重要工具，它们通过结构化的排列和直观的图形展示，可以使复杂的数据和信息变得易于理解和记忆，从而极大地增强信息的传达效果和说服力。下面使用WPS AI生成产品宣传方案中预算分配的表格与图表，其具体操作如下。

微课

生成产品宣传方案表格与图表

　　（1）打开WPS Office，新建Excel空白表格，单击"WPS AI"选项卡，在弹出的下拉列表中选择"AI数据问答"选项，打开"AI数据问答"窗格。

　　（2）在"AI数据问答"窗格下方的聊天框中复制、粘贴"产品宣传方案（未排版）.docx"文档中涉及预算分配的全部文本（线上宣传：45%……预计机动资金总额为10万元。），然后按"Shift+Enter"组合键，输入"请将上面的数据转换为表格"文本，最后单击"发送"按钮，结果如图9-3所示。

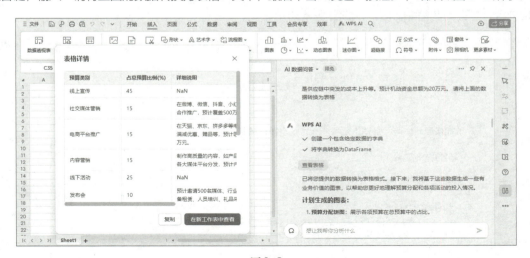

图9-3

（3）单击 复制 按钮，将表格复制、粘贴到"sheet1"工作表中，适当修改并美化后，在"AI数据问答"窗格下方的聊天框中输入"请用图表分析'sheet1'工作表中的预算占比"文本，完成后单击"发送"按钮 ➤，结果如图9-4所示。

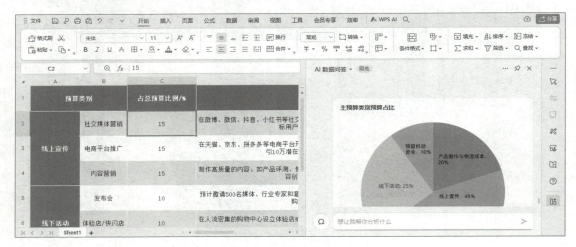

图9-4

（4）将图表复制、粘贴到数据区域的下方，再将表格以"产品宣传方案预算占比分析"命名保存到计算机中留作备用。

9.1.5 快速排版产品宣传方案

所有素材准备好之后，接下来需要排版产品宣传方案。通过专业的排版设计和流畅的内容编排，可以使产品宣传方案更加吸引人。下面使用WPS AI快速排版产品宣传方案，其具体操作如下。

微课

快速排版产品宣传方案

（1）使用WPS Office打开"产品宣传方案（未排版）.docx"文档，先对格式进行简单设置后，单击"WPS AI"选项卡，在弹出的下拉列表中选择"AI排版"选项，打开"AI排版"窗格，单击"通用文档"选项对应的 开始排版 按钮，此时WPS AI将智能识别文档内容，并自动调整文档格式，如图9-5所示。

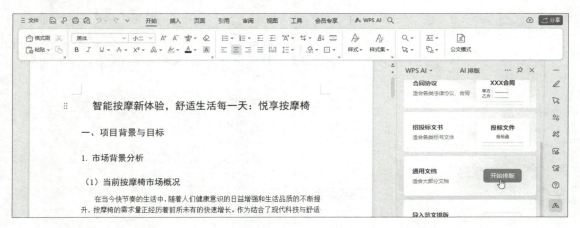

图9-5

（2）根据排版效果进行适当微调，然后将文本插入点定位到"预计机动资金总额为10万元。"文本的下方，复制、粘贴"产品宣传方案预算占比分析.xlsx"中的图表，如图9-6所示。

（3）为文档添加一个合适的封面，然后将封面中的图片替换为去除背景的按摩椅图片，并修改标题为"产品宣传方案"，如图9-7所示。

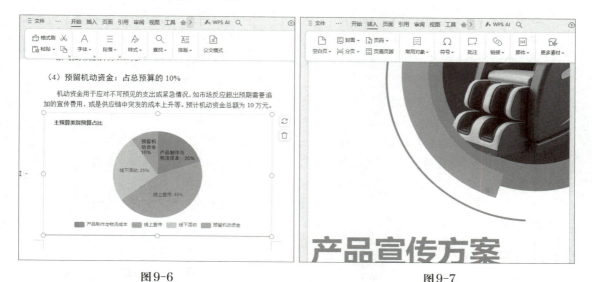

図9-6　　　　　　　　　　　　図9-7

9.2　综合案例2：AIGC助力智能手环概念设计

智能手环是一种集合了多种功能的创新智能硬件产品，主要用于健康监测、运动追踪、通信互动等。随着人们对健康和生活品质的关注日益增强，智能手环的功能也在不断拓展和完善。产品设计师在设计智能手环时，可以运用AIGC技术将产品的初步概念具象化为现实，然后通过精细的算法优化，使产品更加贴合用户的实际需求，同时还可以使用AIGC工具生成对应的发布会演示文稿。

9.2.1　了解智能手环的设计基础

智能手环的市场竞争较为激烈，如果要设计出与众不同的产品，就需要在深入了解现有技术和市场趋势的基础上，结合自身的创新灵感与用户需求进行差异化的设计和功能开发。下面使用通义万相搜索智能手环的相关资料，并获取智能手环的设计灵感，其具体操作如下。

微课

了解智能手
环的设计
基础

（1）在浏览器中搜索"通义万相"，进入其应用页面后，在下方的聊天框中输入提示词"请帮我搜索当前智能手环的设计资料，具体包括用户偏好、技术创新与功能特点、市场概况与趋势等。要求所收集的资料是一年以内的。"，完成后按"Enter"键获取结果。

> 请帮我搜索当前智能手环的设计资料，具体包括用户偏好、技术创新与功能特点、市场概况与趋势等。要求所收集的资料是一年以内的。

A

　　根据最新的信息，以下是关于当前智能手环的设计资料汇总，涵盖用户偏好、技术创新与功能特点、市场概况与趋势等几个方面。

扫码查看

　　1. 用户偏好

　　用户对于智能手环的偏好主要包括：

● 健康监测功能：记录身体状况和运动情况仍然是消费者最关心的领域之一。

● 便携性和舒适度：轻巧、舒适的佩戴体验是用户选择智能手环时考虑的重要因素。

● 性价比：相较于价格较高的智能手表，更多消费者倾向于购买价格更为亲民的智能手环。

● 附加功能：例如，看时间、天气预报、手机提醒及遥控手机等功能也受到用户的重视。

　　2. 技术创新与功能特点

　　智能手环的技术创新主要体现在以下几个方面：

● 更精确的健康监测：除了基本的心率、步数和睡眠监测外，一些高端型号的智能手环还提供了血氧饱和度监测、ECG心电图分析等功能。

● 长续航能力：得益于高效的电源管理和低功耗芯片的应用，现代智能手环能够提供长达数天甚至一周以上的续航时间。

　　……

　　（2）从通义万相的回答来看，智能手环正朝着更加个性化、精准化和多功能化的方向发展，那么产品设计师在设计智能手环时，就需要着重考虑个性化定制，包括表盘样式、主题及功能的个性化选择等。此时产品设计师可以继续输入提示词"假如你是一位产品设计师，现在请你为智能手环的设计提供创意灵感，要求明确智能手环的外形、功能等个性化元素。"，完成后按"Enter"键获取结果。

Q

　　假如你是一位产品设计师，现在请你为智能手环的设计提供创意灵感，要求明确智能手环的外形、功能等个性化元素。

A

　　作为一位产品设计师，为智能手环的设计提供创意灵感时，我会从外形设计、功能特性以及用户体验三个主要方面入手。具体的创意灵感如下。

扫码查看

　　外形设计

　　1. 模块化设计：

● 采用可更换的模块化结构，用户可以根据自己的需求和喜好选择不同的功能模块（如健康监测模块、运动追踪模块、支付模块等）进行组合。

● 模块之间通过磁吸或快拆接口连接，方便用户自行组装和维护。

　　2. 个性化定制：

● 提供多种颜色、材质（如硅胶、金属、皮革等）和表带宽度的选择，满足不同用户的审美偏好。

● 支持3D打印技术，允许用户根据个人喜好定制独一无二的手环外壳。

　　……

9.2.2　生成智能手环概念图

微课

生成智能手
环概念图

从通义万相给出的智能手环创意灵感中可以得知，智能手环的用户群体很注重产品的外观和功能，那么在设计智能手环的概念图时，产品设计师就可以从这两个方面出发。下面使用通义万相生成智能手环的概念图，其具体操作如下。

（1）在浏览器中搜索"通义万相"，进入其应用页面后，在左侧的聊天框中输入提示词"白色智能手环的产品概念图，有一块圆形或方形的电子屏幕，屏幕上正记录着使用者的心脏跳动频率，高细节，有设计感。"其他保持默认设置，完成后单击 生成画作 ♡1 按钮，如图9-8所示。

图9-8

（2）下载第4张图片，选择"万相1.0通用"创作模型，在左侧的聊天框中输入提示词"生成参考图的其他效果展示图。"，然后在"参考图"栏中上传刚刚保存的第4张图片，最后单击 生成画作 ♡1 按钮，如图9-9所示。

（3）将生成的4张智能手环概念图保存至计算机中留作备用。

9.2.3　生成产品发布会演示文稿

微课

生成产品发
布会演示
文稿

当企业需要推出新产品时，制作团队就需要制作产品发布会演示文稿，以此向公众、媒体、合作伙伴和投资者展示产品的独特卖点、功能特性、设计理念等，从而帮助企业有效传达产品信息，促进产品销售和商业合作。下面使用MindShow生成产品发布会演示文稿，其具体操作如下。

（1）在浏览器中搜索"MindShow"，进入其应用页面后，在中间的聊天框中输入提示词"智能手环产品发布会"，完成后按"Enter"键，生成演示文稿的大纲，如图9-10所示。

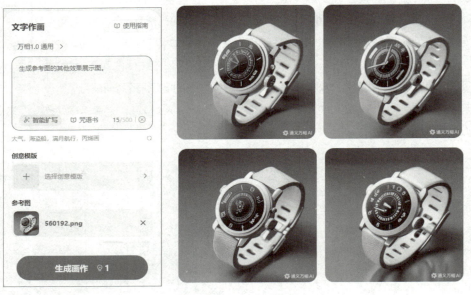

图9-9

图9-10

（2）单击 下一步 按钮，智能生成演示文稿的内容大纲，如果有需要修改的，则选择相应的板块，单击右上角的"编辑"按钮 ✐ 进行修改，否则继续单击 下一步 按钮，如图9-11所示。

（3）在打开页面的右侧设置颜色为"橙色"，应用场景为"产品推广"，然后在搜索结果中选择"2024年市场部年度计划"模版，如图9-12所示。

（4）单击 下一步 按钮，生成演示文稿，浏览完所有幻灯片后，单击"编辑PPT"超链接，打开PPT编辑页面，在其中选择第5张幻灯片，替换第5张幻灯片中的图片为通义万相生成的概念图，如图9-13所示。

（5）使用同样的方法替换其他幻灯片中的图片，然后根据实际情况修改演示文稿中涉及日期的文本，最后单击"导出"按钮 导出该PPT。

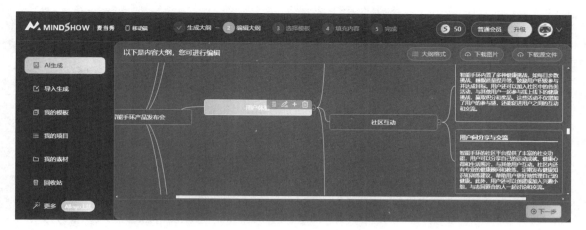

图9-11

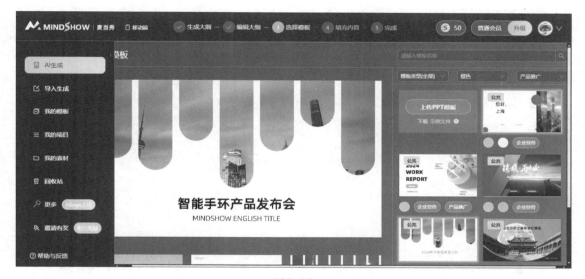

图9-12

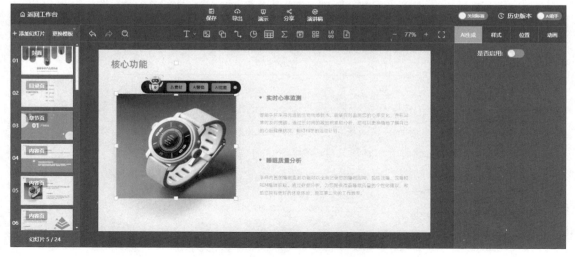

图9-13

9.3 综合案例3：AIGC辅助旅游推广短片设计

旅游短片是以旅行为线索介绍沿途景观的纪录片。由于片中的旅行是实况的记录，因此制作团队在设计旅游短片时，需要将纪实性和艺术性结合起来。制作团队使用 AIGC 工具制作旅游短片，不仅可以提高制作效率和质量，还能为受众带来更加丰富多样的视觉体验和文化享受。

9.3.1 生成分镜脚本

分镜脚本是指将创意或故事分解成多个场景和镜头，并详细描述每个镜头的画面、动作、对话等元素的文档。通过制作分镜脚本，制作团队可以明确旅游短片的主题、风格和创作方向，以确保整个制作过程能够有条不紊地进行。下面使用讯飞星火大模型生成分镜脚本，其具体操作如下。

微课

生成分镜
脚本

（1）在浏览器中搜索"讯飞星火大模型"，进入其应用页面后，在下方的聊天框中输入提示词"请帮我生成一个介绍丽江古城的旅游短视频分镜脚本。"，完成后按"Enter"键获取结果。

（2）将生成的旅游短视频分镜脚本，以"分镜脚本"命名保存到 Word 文档中留作备用。

Q

请帮我生成一个介绍丽江古城的旅游短视频分镜脚本。

A

介绍丽江古城的短视频分镜脚本

镜头1：开场航拍

扫码查看

- 景别：航拍。
- 时长：5s。
- 画面内容：从高空俯瞰丽江古城，展示其整体布局和壮丽景色。
- 音乐/音效：轻柔的背景音乐开始，搭配自然的风声和鸟鸣。
- 旁白："欢迎来到世界文化遗产之一——丽江古城。"

镜头2：四方街

- 景别：中景。
- 时长：8s。
- 画面内容：四方街的热闹场景，游客络绎不绝，商铺林立。
- 音乐/音效：背景音乐略微提升，加入一些市井的噪音。
- 旁白："这里是丽江古城的中心——四方街，一个充满生活气息的地方。"

镜头3：木府

- 景别：中景转近景。

······

9.3.2　生成讲解文案

在讯飞星火大模型生成的短视频分镜脚本中，介绍了包括四方街、木府、黑龙潭公园、大水车与许愿林、夜景灯光秀在内的多个景点，但旁白过于简单，不能体现这些景点的特色，因此需要重新生成讲解文案。下面使用讯飞星火大模型生成景点讲解文案，其具体操作如下。

微课

生成讲解
文案

（1）在讯飞星火大模型下方的聊天框中输入提示词，完成后按"Enter"键获取结果。

（2）将生成的景点讲解文案，以"讲解文案"命名保存到 Word 文档中留作备用。

Q

请你将下列内容修改为对应的讲解文案，每条50字左右。

欢迎来到世界文化遗产之一——丽江古城。

这里是丽江古城的中心——四方街，一个充满生活气息的地方。

这是木府，一座见证了丽江历史的建筑。

漫步在黑龙潭公园，感受大自然的静谧与和谐。

在大水车旁驻足，倾听自然的声音。

当夜幕降临，丽江古城又展现出另一番风情。

A

好的，以下是为你生成的讲解文案：

1. 欢迎来到世界文化遗产之一——丽江古城。这座始建于宋末元初的古城，街道依山傍水修建，以红色角砾岩铺就，拥有四方街、木府等著名景点。

2. 这里是丽江古城的中心——四方街，一个充满生活气息的地方。四方街是茶马古道上重要的枢纽站，明清以来各方商贾云集，各民族文化在此交汇生息。

3. 这是木府，一座见证了丽江历史的建筑。木府原为丽江世袭土司木氏的衙署，始建于元代，占地46亩，中轴线长达369米，展示了明代中原建筑风格与白族、纳西族工艺的融合。

4. 漫步在黑龙潭公园，感受大自然的静谧与和谐。黑龙潭公园位于丽江古城北端象山之麓，以其晶莹清澈的泉潭而闻名。

5. 在大水车旁驻足，倾听自然的声音。大水车是丽江古城的标志性建筑之一，位于古城入口，驻足在大水车旁，聆听潺潺流水，可以让自然的声音洗涤心灵的尘埃。

6. 当夜幕降临，丽江古城又展现出另一番风情。沿河酒吧和茶楼门前的大红灯笼倒影随河水飘荡，营造出温暖祥和的氛围，吸引众多游客驻足欣赏。

9.3.3　生成动态视频

确定好讲解文案后，接下来就可以使用剪映的图文成片功能制作旅行短片。该功能可以根据文案智能匹配素材视频，从而快速生成具有专业水准的视频作品。下面使用剪映生成旅游推广短视频，其具体操作如下。

微课

生成动态视频

（1）打开剪映专业版，选择"图文成片"选项，在"图文成片"页面中选择"自由编辑文案"选项，然后在打开的页面中复制、粘贴讯飞星火大模型生成的景点讲解文案，接着单击 生成视频 按钮，在弹出的下拉列表中选择"智能匹配素材"选项，如图9-14所示。

图9-14

（2）等待一会儿后，软件就会根据文案自动匹配视频和声音。由于软件自动匹配的声音效果与视频风格不符，因此需要重新设置声音。选择声音轨道，将其中的音频删除，然后选择第一段文字，在右侧单击"文本朗读"选项卡，在下方选择"亲切女声"选项，并单击 开始朗读 按钮，试听声音效果，如图9-15所示。

图9-15

（3）使用与步骤（2）同样的方法为其他文字设置声音效果，然后预览视频的整体效果，并将其导出。